JN319790

牛乳とタマゴの科学

完全栄養食品の秘密

酒井仙吉 著

ブルーバックス

●カバー装幀／芦澤泰偉・児崎雅淑
●カバーイラスト／中川貴雄
●本文イラスト／箕輪義隆
●本文図版・目次／さくら工芸社

はじめに

ここにケーキがある。主原料は小麦とタマゴ、牛乳である。だが、これらを用意しただけではつくれない。小麦は粉にしなければならず、タマゴは白味だけ取り出して泡立てなければならないし、牛乳を使ってクリームやバターをつくらなければならないからである。いずれも人間に知恵がなければ生まれなかった材料と、これらの特徴を最大限に活かすことで初めてつくることができる。科学がいまのように発達していない時代に先人の知恵が生んだ傑作、それがケーキである。

ところで生まれて初めて口にした畜産物は牛乳とタマゴという人は多いだろう。本書で述べることは食卓にのぼるその牛乳とタマゴについてである。牛乳は牛が、タマゴはニワトリが生産する。牛は哺乳類、ニワトリは鳥類に属す。牛乳は容量ではかり、タマゴは個数でかぞえる。利用方法にも大きな違いがある。ところが意外なことに共通点も多い。

第一は、生きた動物が生産することだ。乳を飲むため動物を殺す必要はなく、鳥はタマゴを産んだあとも何事もなく生きつづける。一部の菜食主義者にとっては、そのことが乳またはタマゴを食べる理由にもなっている。

第二に、牛乳とタマゴ、それらを加工して食べることに制約をもうけた宗教がないことだ。むしろすべての宗教が牛乳を奨励するほどである。ところが肉に制約をもうける宗教は多く、イスラム教やユダヤ教は豚肉を、ヒンズー教は牛肉を食べることを禁じている。例外は羊肉くらいだろうが、それでもイスラム教はハラール（食べることを許すもの）をもうけている。仏教の教えから日本でも、奈良時代以降明治初期まで牛やニワトリを殺すことを禁じていた。

第三の共通点は、子孫の継続に関係することだ。哺乳類は母乳で子をそだて、鳥類はタマゴの栄養を使ってヒナになる。乳やタマゴに成長や発生に必要な栄養が含まれていなければ子孫の存続など不可能である。これらのことから完全栄養食品といわれるのも不思議はない。

以上のことは、多くの食材のなかで牛乳とタマゴに特有かつ希有な特徴である。ところで早い時期から狩りをしたり飼育して肉を食べていたことにくらべ、牛乳とタマゴの歴史は意外に新しい。入手が容易でなく、量も少なかったのだ。知恵をしぼって改良した結果、いまの乳牛は祖先の一〇倍の牛乳をだし、ニワトリは五〇倍のタマゴを産むようになった。このことによって今日のように日常的に食べられるようになったのだ。まさに牛乳とタマゴは知恵と努力の産物である。そしてその努力はとどまるところを知らず、乳製品や卵製品をつくり食生活を豊かにした。どうして牛やニワトリは想像もつかないような驚異的な能力を発揮できるようになったのか、牛乳とタマゴという身近な食べ物の歴史を振り返りながら、また、意外に知られていない牛乳とタマゴを科学することによって、私たちの知恵との関係をさぐるのが本書のめざすことである。

MILK
MILK

第1部　牛と牛乳の話

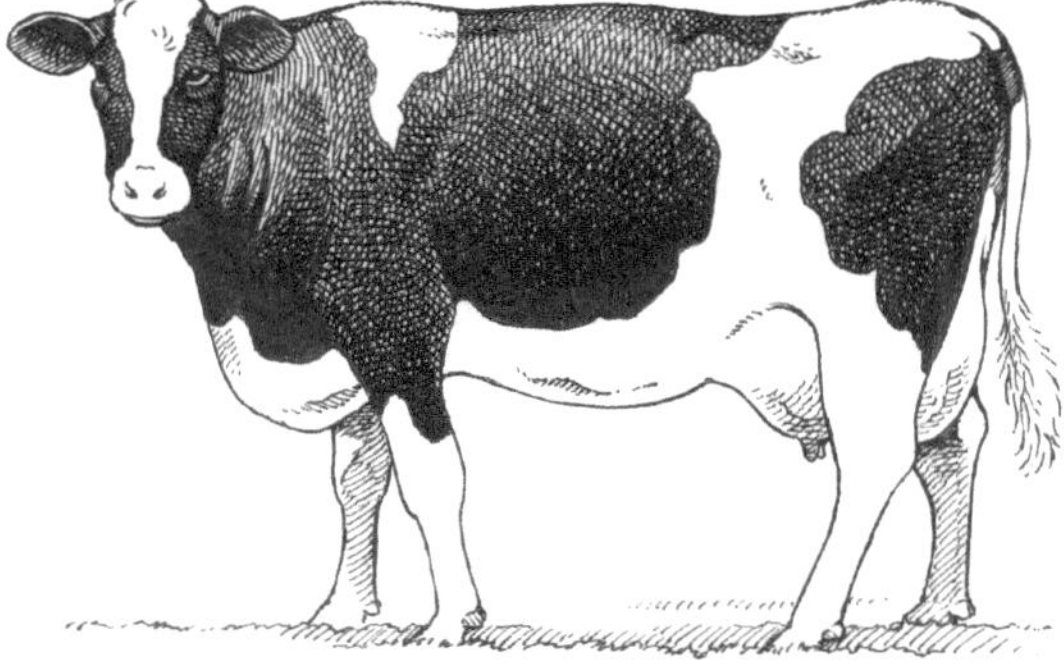

第1章　世界における牛の歴史

小麦栽培が生んだ家畜

南フランス、アルデシュ渓谷にあるショーベ洞窟で世界最古とされる壁画が見つかった。三万年前に描かれたとされ、サイや牛、馬、シカなど多くの動物の姿が残る。一万五〇〇〇年前とされる南フランスのラスコー洞窟（図1―1）、スペインのアルタミラ洞窟にも同様な壁画が残されている。これらから南部ヨーロッパには、人が暮らした場所にさまざまな野生動物がいたことがわかる。ところが一万一〇〇〇年から一万二〇〇〇年前に地球の気温が数百年で五度C上昇して氷河期が終わり、北部ヨーロッパで広い大地が顔をあらわした。ここに草が生えると野生動物は生活範囲を広げ、狩猟で暮らしてきた人々の周囲を離れた。狩りの対象は草食動物だったが、頭数の減少で人々は食料難に直面することになった。

その後しばらくするとチグリス川とユーフラテス川の上流で暮らしていた人々が小麦栽培を始めた。これが人類史上初めての農耕で、いまのイラク、シリア、トルコ一帯で始まった。野生小

図１―１　ラスコー洞窟の壁画

麦の原生地に近く、狩猟採取の時代から小麦を集め、食用にしていたことは容易に想像できるだろう。ところが偶然、小麦を集める過程で大粒の実を付けた小麦があることに気づいた。野生小麦同士の交雑でマレに出現する種類で、これが世界で広く栽培されているパン小麦の祖先である。珍しいものに注目する人の特徴を示す最たるものだ。

ところでパン小麦は野生小麦としては存在しない。なぜなら地面に落ちた実はすぐ発芽し、寒さで枯れてしまうからである。このことで子孫を残せず野生化できなかった。同様のことが日本のイネでも見られた。それでは野生種はどこがちがうのか？　野生種では実が適期を待って発芽することだ。一方、パン小麦や日本のイネでは人が適期に種をまくことになる。このように人が栽培することでパン小麦は子孫を残し、人類に安定して食べ物を供給できるようになった。

中東は、リンゴ、ナツメ、ザクロ、アーモンドなどの原生地で、緑豊かな場所だった。畑で小麦を栽培することになったが、森林を畑にしなければならない。このため焼き畑農業を始めた。ところが自然に燃え尽きるのを待つしかなく、広い平原が生まれ、そして畑以外は草原になった。草のあるところに草食動物が集まる。そして気づいたことが、この動物を捕まえれば移動して狩りをする必要がないこと、つぎに自分たちで適切に管理すれば必要なとき手に入ることだった。これに気づくまでに時間はかからなかった。農耕の開始とほぼ同時期、チグリス川とユーフラテス川の流域でヒツジが家畜化された。

遊牧民の家畜もヒツジである。食用にするのに手ごろな大きさ、性格はおとなしく、群れで生活し、行動範囲が狭いなど、家畜としてふさわしいすべての要件を備えていた。乾燥にも強いことで飼いやすく、手放せない食料源となった。既に火を使用していたことで、焼いたりあぶったりして食べることによってより美味しくなり、食品衛生上も安全になった。

このようにパン小麦の栽培とヒツジの家畜化によって狩猟採取での暮らしと決別し、定住化への途を開いた。定住化すると集落ができ、小麦栽培、ヒツジの飼育を分担することもはじまった。物々交換がおこなわれ、そして安定して食料が得られると自由になる時間ができ、人口も増えることになった。文化と文明が生まれるためには自由な時間と集落の誕生が必須である。cultureの本来の意味は「耕す」である。農耕は人類の偉大な発明であり、そして農業

(agriculture) が農 (agri) という文化 (culture) となった。当初、草原にいる野生の牛は食用に向かなかったようである。しかし放置していたわけではない。力持ちという優れた能力をすでにみつけていたのである。

牛の家畜化のはじまり

およそ八〇〇〇年ほど前、チグリス川とユーフラテス川の中流域で両河川に挟まれた沖積平原(ちゅうせき)（メソポタミア）に農業の中心が移る（図1—2）。メソポタミアとはギリシャ語で「両河の間の国」という意味である。そこには肥沃な土地が広がり、形状から「肥沃な三日月地帯」といわれた。

初期の農法は地面に棒で穴を開けて種をまいていた。ところで牛に棒を引かせて溝を掘らせてみると大幅に省力化できることに人々が気づき、広い面積を畑として利用することになった。人力から畜力、穴から溝への大転換、ここに知恵の面目躍如たるを感じるだろう。

牛は農耕で必要になるまで家畜化されず、ヒツジより二〇〇〇年遅れとなった。犂(すき)とは文字通り「牛を利用して耕す道具」で、メソポタミアで発明された農具である。ただ犂を引かせるためには牛に縄を巻くという嫌がることをしなければならず、さらに指示した方向に進ませるなどの調教も必要である。

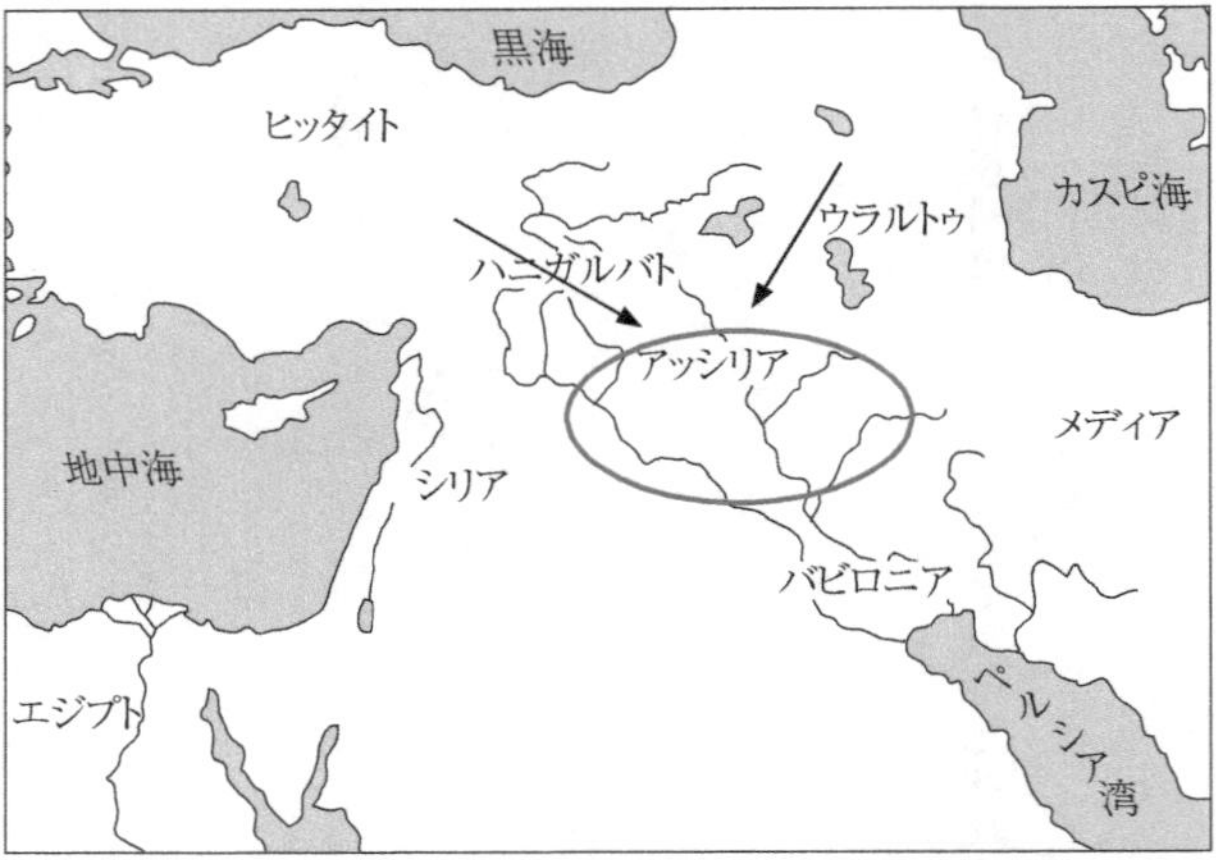
黒海
ヒッタイト
カスピ海
ウラルトゥ
ハニガルバト
アッシリア
メディア
地中海
シリア
バビロニア
エジプト
ペルシア湾

図1—2　農耕発祥地がメソポタミアへ移動（矢印）　原生地近辺で小麦の栽培がはじまる。

これなどは牛を飼っていなければ不可能である。そこで最初は子牛を見つけて飼ったのだろう。野生の牛のなかで人の命令にしたがう牛を見つけることは容易ではなく、おとなしい性格を備えた牛が大切に飼われた。それには雌牛が適していた。すると身近で子牛に乳を与える姿を目にすることとなる。これを注意深く観察していたのだろう、そのあと牛乳の利用へと展開していった。

畜力を使うことで広い場所を畑にでき、小麦生産は飛躍的に増加した。チグリス川とユーフラテス川の水で灌漑され、さまざまな作物が栽培された。余剰農産物が政治家や兵士、商人、学者、工芸職人などの生活を支え、そして人類初の都市国家をつくり、くさび形文字を発明したメソポタミア文明を誕生させた。これはメソポタミア文明に限られたことでなく、常に余剰農産物（富）が黄河文明を初めとしてエジプト文明、インダス文明など巨大文明誕生の背景にある。その証拠に、いずれの文明も巨大河川の流域で誕生している。

六〇〇〇年前、中東で馬が家畜化された。乗馬できることに気づいたからとされている。そこには口に棒をくわえさせ（ハミ）、その両端に手綱を結んで進行方向を指示する人の知恵があったのだった。馬には前歯と奥歯の間に「歯槽間縁（しそうかんえん）」とよばれる歯の生えない部分があり、ここに入れるとハミを歯で噛むことはなかった。

乗馬によって人は長距離を速く移動できるようになり、さらに四〇〇〇年前、中東で車輪が発明されると馬車が重い荷物を運んだ。家畜となった馬が人の往来と物流を盛んにしたのだ！　ある歴史学者は、「もし馬が存在しなかったら、まだ人類は中世以前の状態にあっただろう」という。ローマ帝国の拡大、チンギス・ハン（成吉思汗）のヨーロッパ大遠征などは馬なくしてありえなかったのだ。

目的は問わず、このように何かの役に立つことがわかると人は野生動物を家畜化した。メソポタミアで始まった小麦とヒツジを基礎とする食文化が、それ以降パン（小麦）食と肉食となって現在に受け継がれることになった。

牛乳を手に入れた古代エジプト人

メソポタミアではじまった農耕文化がエジプトに伝えられた。勿論、牧畜文化もいっしょである。牛乳を利用する時代の特定は難しいが、古代エジプトの石棺に牛から搾乳する人の姿が刻まれている（図1—3）。牛を家畜化してから三〇〇〇年後のレリーフである。このことから牛乳の利用はおおよそ五〇〇〇年前には既におこなわれていたことになる。

なぜもっと早く牛乳に気づかなかったのだろう？　その理由の一つが母牛の性質にある。野生の牛では春先が出産時期である。この時期では群れのなかに子牛がたくさんいることになるが、母牛が乳を与えるのは自分の子牛のみで、血のつながりのない子牛には決して与えない。また、馬が後足を後ろにけるのとは異なり、牛は前にける。このため自分の子牛以外、たとえ人でも乳房に触ることは容易でなく、むしろ危険な行為となる。

牛は搾れば乳をだすのだろうか？　問題は牛乳が子牛の食べ物であることだ。したがって母牛は子牛が求めるとき乳をだす。そこには一定のやり方があり、あらかじめ子牛が空腹を訴えるシグナルを母牛に伝える必要がある。子牛が鼻先で乳房を刺激し、口で乳頭を吸う。これが母牛に空腹を伝えるシグナルである。だが、このマネは人には難しい。さてこのシグナルを受けて母牛が乳をだしたとしよう。しかし時間はわずか五～七分間である。それをすぎると子牛が吸っても

図１—３　古代エジプトの搾乳の図

乳はでない。このようなわけで単純に人が乳頭をにぎると乳がでるものでもない。

それではどうするか？　先の図１—３が重要なヒントを与えてくれる。はじめは子牛に飲ませ、少し早めに親から引き離し、そのあとで搾乳する。再び近づかないように子牛は前足に繋いでおく。これらを写真のレリーフから読み取ることができる。牛乳を横取りしたのだが、当然、乳をだしているときは母牛がおとなしくなることにも気づいていただろう。三方一両損のような状態で牛乳を得たことになるが、これが許された唯一の方法だった。ただ量は一回の搾乳で一〜二リットル程度、得られる時期は春先の二〜三ヵ月、そのうえ保存できないことで食料としての信頼度は低かっただろう。

それでも子牛が離乳したあとでも、搾乳をつづけると牛乳が得られることに気づくまでに時間はかからなかっただろう。このことで数ヵ月の搾乳期間の延長はそれほど難しくないのだ。短期間で貴重な食材になっていったことは疑いなく、牛乳文化が各地に広まった。

旧約聖書「出エジプト記」は興味深い。囚われの身となっていた人々を引き連れてモーゼが目指した場所は「乳と蜜が流れる地（カナン）」であった。そこはかつての故郷である。豊かであったことは間違いなく、乳と蜜が彼らの記憶を呼び戻すのに十分だった。それゆえ人々の先頭にモーゼは立てたのだ。

ここで忘れてはならないことがある。後世になるとキリスト教の創始者キリスト、イスラム教の祖マホメット、仏教の開祖ブッダ（釈迦）も例外なく牛乳・乳製品（発酵乳）を礼賛していることだ。乳は生きた動物から得られることから精神的葛藤や肉体的苦労をしなくてすむ。これが彼らの宗教観に合っていたのだろう。

牛乳の存在を知った人の渇望を想像できる。いつでも飲みたいと考えるのが人の欲望で、ここで知恵を働かせるのが人の特徴である。いまの牛は季節を問わず出産し、その後一〇ヵ月間搾乳でき、牛乳が得られない時期はない。数千年かけて乳量を二〜三倍に高め、いまの乳牛はその倍以上を生産することができる。

いずれも知恵が成しとげた成果で、先人は人のための牛に変えたのだ！　牛乳が入手可能になるとチーズやバター、ヨーグルトなどへの加工もはじめられた。驚くことに、これらの乳製品の加工には電気はいらず、特別な道具がなくてもつくれる。これら乳製品の発明も相当古いと考えられているが、遺物として残りにくく正確なはじまりはわからない。いまわかることは、さまざまな乳製品が今日でも昔のままの方法でつくられていることだけである。

このようにして牛乳・乳製品は欠かせない食材となり、パンと肉という食文化に新しく加わることになった。その名残だろう、現在でも欧米諸国の一人あたりの牛乳・乳製品の消費量は日本の三倍を超え、これらなくして食生活は成り立たなくなっている。

家畜となった動物たち

人の特徴は言葉をもっていることだ。意思疎通ができ、役立つ経験は子孫に伝えられ、遠方に住む人にも伝えられる。先人の経験を学び、遠方に住む人から情報を受け取ることもできる。時間軸と空間軸を越えて経験が共有され、役立つことがわかると広い地域一帯の知的共有財産となる。たとえば野生動物の飼育を一人が始めたとしよう、役立つことがわかった段階で、多くの人がマネをするようになる。同時に言葉が知恵と工夫を生み、野生動物が目的に合う家畜になるのは時間の問題だった。

犬の祖先はオオカミだが、人類が最初に家畜化した動物である。一万五〇〇〇年前、東アジアでの出来事といわれる。狩りの途中で幼いオオカミを見つけ、ペットとして飼っているうちに役に立つ動物であることに気づいたのだろう。これを見てマネするのが人の常、そして犬へと発展させた。群れで行動し、ボスの命令にしたがう習性がある。鋭い嗅覚と聴覚によって敵が近づけば危険を知らせ、襲ってくる敵に立ち向かう。大型犬は力持ちでもある。素早くて強靱な脚力で狩りを助けるなど人の弱点をカバーする能力を備えていた。また、いまは伴侶動物となっているように、もともと人になつく性格であった。

犬が人類の生活にとって大切であったことを示す証拠はとても多い。その典型が世界中で飼われていることで、人は犬を連れて世界各地へ移動したのだ。日本列島には最初の住人となる縄文人がもたらしたとされ、犬を連れて大陸から移動してきた。それが日本犬のルーツである。こうして人といっしょに暮らすことになったが、一方で食べ物がなくなれば食料にもされたのだろう。このように人に役立つ動物が家畜となる。

家畜（domestic animal）の本来の意味は「人が飼い慣らした動物」で、「家の中で飼う動物」にしたのは日本的発想である。家畜という文字が生まれた明治時代、日本には牛と馬、ニワトリがいたが、すべて家の中、屋根の下で飼われていたのである。一方、ドイツなどでは豚でさえ放牧していた。

小型であれ大型であれ、野生動物を飼い慣らすことは容易ではない。その証拠に当時六〇〇〇種いたとされる哺乳動物のなかで、家畜化できた動物はヒツジとヤギ、牛、馬、豚など一〇種以内、範囲を広げても二〇種程度である。このことから、人を受け入れる、人を気にしない野生動物は意外なほどすくないことがわかる。人が飼うことを試みても大半はいっしょに暮らせなかったのだ。もともと野生の本能をなくさせることは難しいようで、シマウマの家畜化に成功した人はただ一人で、そのシマウマも息子の手には負えなかったという。

オーロックス（ヨーロッパ原牛）は家畜化された牛の祖先である（一元説）。二〇〇万年前、インド周辺に出現し、その後ユーラシア大陸から北部アフリカ一帯に生息地を広げた。これは学生時代に教わったことである。オーロックスは中世までには激減し、一六二七年、ポーランドで最後の一頭が死亡した。密猟と乱獲によって絶滅したのだが、人間の罪深さを示す歴史の一面にもなっている。

牛の祖先説には多少の注釈が必要で、オーロックスを出発点として現在の品種がつくられたのではない。真実は各地に移動し、そこで暮らすうちに風土に合うように適応し、異なる特徴を備えた野生の牛がいたのだ。それが家畜化された牛の本当の祖先である。牛には多くの品種があり、それぞれの生育地域・出身地域が特定されている。

たとえば世界で代表的な搾乳牛となっているホルスタインでは、祖先はオランダおよびドイツ北部に生息していた。白黒斑が特徴だが、家畜化された当時から白黒斑だった。他の牛と同じように出産は一年に一回、そのうえ乳量が特別多かったわけでもない。だが牛乳を重視する人々が乳量の多い雌牛を大切にし、その子孫を後世に残したのだ。その結果が今のホルスタインで、子育てに必要な乳量の一〇倍以上を生産するまでになった。牛乳を専門に生産する種類（品種）に育てたのが人の知恵と執念であった。

家畜となった動物に共通することは、人に飼われて懐く、人の管理のもとで無理なく子孫を残す、改良できる、役に立つである。

このなかで改良できることについて説明を加えておく。「いまの乳牛は祖先の一〇倍の牛乳をだし、ニワトリは五〇倍のタマゴを産む」、と「はじめに」でも述べたが、人がいくら知恵を絞っても動物に能力がなければ不可能な話である。潜在能力を引き出したのが人の知恵で、牛とニワトリは見事にその期待に応えたわけである。もし改良できないとわかれば見捨てられていただろう。人はさまざまな動物を飼ったが、多くは改良できないことで家畜にされなかった。また、一夫一婦制を守る動物が家畜にされた例はなく、雌は雄を選ばず、雄も雌を選ばない性質が家畜化する上で大切なのである。

ところで人に人権があるとすれば、家畜に畜権があってもよい。だが、西洋の家畜の改良は畜権を完全に無視することから始まった。動物は人の下に位置するという西洋的な思想があったからである。たとえば役に立つ個体のみを残し、役に立たないと判断すると子孫を残すことを許さなかった。その代表が去勢技術（睾丸を取ること）の発明である。残酷な手法だが、能力を改良するという面からみると合理性があった。このように西洋と東洋で動物に対する考え方は根本的に違っていた。

家畜のつくり方

ではいったい、どのようにして家畜がつくられたのだろう？　一〇〇頭程度の数では家畜はつくれない。これは遺伝学的に考えればわかることだ。野生動物が家畜となるためには相当な頭数が必要である。なぜなら少数だと短期間で近親交配による弊害があらわれ、維持できなくなるからだ。牛が家畜になるためには、近くに数千、数万頭単位で野生の牛がいなければならず、しかも多くの人が飼っていなければならない。

じつはこれでも不十分で、離れた地域に暮らす人も同様に飼っていなければならないのだ。大量移住が始まるまで北米に八〇〇〇万頭のバイソン（野牛）がいたといわれるように、実際、いまでは想像できないほど多くの野生の牛、それも異なる特徴を備えた牛がヨーロッパ各地にいたのだ。それらが現在、世界で広く飼われている牛の祖先である。また、インド牛や和牛などはアジアに生息していた野生の牛が祖先である。

穀物の栽培を始めたと同時期にヒツジに注意が向けられ、最初の家畜が誕生した。その後、わずかな動物種が家畜化され、人の管理のもとで子孫を残すことになった。そこには人の欲望があり、知恵と工夫で野生動物を飼い慣らす壮大なドラマがあった。能力の向上をみると、家畜は人がつくった動物といえる。

ところで、なぜ先人はヒツジや牛の家畜化に精魂を傾けたのだろう？　本当の理由は人も動物の一員だからである。小麦の栄養学的欠陥を畜産物で解消する必要があったのだ。

タンパク質不足に起因する体調の悪化で、何が欠けているか原因を動物は本能で知るという。江戸時代、日本では動物の肉を「ご養生肉」とよび、食べることを「薬喰い」と称した。ともに体調との関係をうかがわせる表現である。当時の食生活で決定的に不足していた栄養素の代表がタンパク質であり、いまの栄養学に照らしても誇張した表現とはいえないのだ。「人はパンのみにて生くるにあらず」、キリストは人に対し物質的に満足するだけでは不十分とした。同じように栄養学的にもパン（小麦）のみでは生きられなかったのだ。

安定して入手するには家畜化する以外になく、なかでも牛乳は相応しいものだった。それを示すのが一〇〇〇種類を超えるとされるチーズの存在である。牛乳は子牛の食べ物で離乳すれば得られない。ところがチーズは牛乳を腐らせること（発酵）で保存性を高めた食品である。この新しい利用方法を発明したことで年間を通して口にできることになった。この事実一つからでも先人の知恵の偉大さがわかるのではないだろうか。

それまで人類は動物の乳を利用することはなかったが、八〇〇〇年前に牛を飼いはじめたことで本格的な利用がはじまった。そして牛は乳用もしくは肉用に改良されて世界中に広まっていった。いまでは最も貴重な家畜になり、世界で一三億五〇〇〇万頭、五人で一頭、総体重でいえば人類の二倍にもなる。これらの数字は、人類にとって牛がいかに重要であるかを如実に語っている。また、西洋文明の起点はギリシャ文明にあるとされるが、ギリシャ文字Aとαは英文字Aとaのルーツであり、いずれも牛と関係して生まれた文字である。これらがともに最初にあることからも、古代ギリシャにおいて牛が特別視されていたことが推測される（注：ギリシャ文字の最初の大文字Ａ（アルファ）は牛の頭部を形どった鼻先から角先を逆にした象形文字が起源であり、同様に小文字α（アルファ）は牛を意味するセム語のAleph（アレフ）に由来する象形文字と考えられている。このように最初の一文字がともに牛と関係していることは、古くから牛が重要視されていた何よりの証拠といえる）。

第2章　日本における牛乳と牛肉の夜明け

大陸から伝わった牛

　西洋文明における食事の中心に肉と牛乳があると述べた。では日本はどうだったのか？　と疑問をもつのは当然である。以下で述べるように西洋とはだいぶ異なっていた。

　日本における最初の住民は縄文人で、およそ一万三〇〇〇年ほど前に暮らしはじめたとされている。その食事内容、たとえば動物との関係は遺跡に残る骨などから推測できる。住んだ地域によって内容は同じではないが、イノシシとシカ、コイ、フナ、貝などを多く食べていたようだ。さらに縄文遺跡からイノシシの土偶が出土していることから、既に飼っていたことが推察できる。ところが豚は大陸からもたらされたもので、日本に生息するイノシシを飼育用の豚にしたのではなかったようだ。おそらく狩猟採取で十分な食料が得られ、家畜化する必要などなかったのだろう。それだけ日本は、自然が豊かであったことのあらわれである。

　もともと日本本土に牛はいなかった。縄文時代末期に大陸から運ばれたが、一般に広まったのは弥生時代後期および古墳時代とされる。飼う技術もいっしょに伝えられなければならず、牛革の利用には特殊な技術が必要で、渡来人の助けを必要とした。彼らは高級技術者として厚遇（こうぐう）され、そして牛肉を食べ、牛乳を飲み、その習慣を伝えた。

ここで不思議なのが、どうやって弥生時代から古墳時代にかけて牛や馬、豚、ニワトリが大陸からもたらされたのか、ということだ。この事実は大量の人が移民覚悟で日本に移動したことを暗示する。なぜなら古今東西、移民するとき食料として大切なものをいっしょにもってゆく事実があるからだ。

たとえば米国へ移民した日本人は米と野菜の種、中国人は大豆、ヨーロッパ人は小麦と家畜、ロシア人はジャガイモをもち込んでいる。これらが米国農業の基礎になった。牛を飼っていた民族は牛を、豚を飼っていた民族は豚を、ニワトリを飼っていた民族はニワトリをもち込んでいる。このような移民者が建国したことで農業が育ち、そして基幹産業となった。

日本が大陸から人を招くことなどないことから、大陸で起きた争乱などにより移住者がでて、日本に牛や馬、豚、ニワトリをもたらしたといえそうである。縄文時代後期に伝来したイネも同じ理由からだろう。牛や馬、豚、ニワトリ、さらにはイネが伝えられた時代は縄文人から弥生人（いまの日本人のルーツ）へと大きく変化する時代とも一致する。

食肉を禁じた仏教

日本固有の牛を和牛というが、ルーツは大陸にある。さて、和牛のルーツに近い種類として鹿児島県口之島にいる口之島牛、山口県見島にいる見島牛（天然記念物）が現存する。毛色に黒色や褐色、白斑があり、体格は小型である。

見島牛は伝来時の姿を伝えていると考えられ、平安時代に描かれた絵巻にある牛車を引く黒い牛が見島牛に近い（図2―1）。なお馬は暴れることがあるため人を乗せた車を引くことはなかった。さらに見島牛は肥育すると霜降り肉になり、この特徴を黒毛和種が引き継いでいる。朝鮮半島経由でもたらされ、それが各地に伝えられたとすれば、見島牛がルーツに近い種と考えられる。

ところで霜降り肉は筋肉内に脂肪がたまることで生まれる。肥育して肥満にすることが条件である。日本に伝えられた黒毛の牛に霜降り肉にする遺伝子が偶然存在し、黒毛和種に固有の特徴となった。もっとも、長い間、その遺伝子の存在に誰も気づかなかったと思われる。なぜなら肥育が始められたのは高々半世紀前のことだからである。草では肥満にできず霜降り肉にならない。水田は不整形で狭く、農道は曲がりくねって細く、むしろ痩せた牛を好んで使っていた。

六〇四年、聖徳太子が制定した憲法十七条によって仏教が事実上の国教となった。第二条に

図2—1　平安時代の絵屏風

「二曰。篤敬三寶。三寶者佛法僧也。則四生之終歸。萬國之極宗。（二番目にいう、心から三宝（仏教）を敬いなさい。三宝とは仏・法・僧である。それは生命あるものの最後のよりどころであり、すべての国の究極の規範である）」とある。仏教は殺生を禁じ、生きものを殺すと仏罰を受けるとしていた。この憲法が民衆の日常生活を規定したことは間違いないだろう。

六七五年、天武天皇は殺生肉食禁断の詔勅で、「四月一日カラ九月三十日マデ牛馬犬猿鶏ノ宍（肉）ヲ食ウコト莫レ、犯スモノアレバ罰スル」とした。ただ、狩猟でとらえるシカ、イノシシ、クマなどの野生動物は対象になっておらず、その肉を食べることにも制約はなかった。そのため限られた人であったにせよ肉を食べることは食べていた。それが商品として広く売られるのは江戸時代中頃からである。

水田での稲作が一般的となり、牛と馬を人に代わって働く動物として敬った。そのため殺すことが許されなくなったが、本当は貴重な家畜で、「食べることによる絶滅を恐れたから」といわれている。また、この時代、牛乳を供給することで渡来人は宮中および貴族社会に急速に勢力を伸ばしていた。彼らは一流の技術者であり知識者集団であった。このことから本意は「渡来人の勢力がさらに強くなることを嫌った」とする研究者もいる。

詔勅はそれほど厳しい内容ではなかったが、徐々に内容が拡大強化され、かなり厳格に適用されていった。ここでは殺生を禁じていた仏教界の果たした役割がとても大きかった。すんなり受け入れられた背景に、動物を大切にあつかう民族性が関係したのだろう。

例外が戦国時代にある。武士の台頭で武具の材料として大量に牛革が使われた。このためだろうか京都などでは牛肉が食べられ、また、多くの武将は牛肉を食べることを目的として牛を殺していた。しかしこの時期以降、食用を目的として殺すことはなくなった。

明治に入るまで牛は農耕用や運搬用として飼われていた。人間の一〇倍の力をもち、水田を耕すとき使う犂（すき）を引いていた。人力で犂は動かない。また、糞尿からつくる堆肥が肥料となった。このことから牛は家族の一員となった。それも当然で、江戸時代、食用目的で殺すと厳罰が待っていた。常に食料が不足していたとされる八丈島で、明治二年、牛を殺して食べた罪で一〇人が小島に追放され、一〇人が科料の罰を受けている。このように殺生肉食禁断の詔勅の精神が連綿と受けつがれていた。

殺生肉食禁断の詔勅で牛が残った背景に、稲作文化があった。籾（イネの実）は季節を問わず発芽するが、秋における豊かな実りを確実にする適期は春先の短い一時期に限られる。これに合わせるため、春になると村中で一斉に農作業がはじまり、最初の仕事が田起こし、代かきとなる。ともにきつい農作業である。しかし時期はずらせず、許される期間は短いため親類縁者からの協力は得られなかった。どの農家も事情は同じだったからである。農家自身でおこなわなければならず、そのため牛を飼うことになった。犂を引かせるためである。春先に集中する農作業、つまり稲作が牛を必要としたのだった。

このためだろう、江戸時代に残された記録によると、牛は売り買いするものでなく、「あげる・もらう」というお互いに助け合う関係にあった。子犬や子猫と同様に、子牛はタダで手に入るものだった。農作業の遅れは秋の収穫を悪くし、牛に対する感謝は大きかっただろう。

和牛は、欧米の牛とくらべると体格は相当見劣りした。明治政府は欧米から多くの種類の牛を輸入した。もともと日本に乳牛がいなかったこともあり、当時輸入された乳用種はそのまま乳用として飼われ、現在に至っている。ただし、明治政府は粗食に耐え強健なことで「貧者の乳牛」

といわれたエアシャーを推奨したものの、乳量の少なさが嫌われて普及しなかった。明治時代の終わりになると残ったのはホルスタインであった。

一方、乳牛以外の牛が和牛の改良に使われた。欧米は牛肉生産を目的に改良していたため、肉付きのよい体型であった。これと交雑したことで和牛も牛肉生産に向く体型となった。そのため日本の狭い水田に適さないほど大型化し、昭和初期に交配が打ち切られたほどである。ところが役用牛の体型が肉用牛の体型になったことが幸いしたのか、いまの和牛はすべて肉用が目的で、極言すれば役用目的は一頭もいない。

養豚のはじまり

ところで豚は殺生肉食禁断の詔勅にあげられていないが、沖縄を除いて歴史の舞台から早々に姿を消した。牛や馬と違い、役割と用途が食肉用に限られたことで飼うこと自体にためらいがあったのだろう。これは同時に殺生を禁じた仏教の威力が強力であったことの証でもある。いま沖縄に残る島豚（アグー豚）の祖先は弥生時代に伝えられたとされる。つねに仏教の圏外にあり、独自の文化があったからだろう。いまでも豚肉消費の多い地域となっている。

ところで再び本州で記録にあらわれるのは江戸中期以降である。もともとオランダは養豚が盛んであったことが背景にあるのだろう、長崎でオランダ医学を学んだ蘭方医が普及に関係したとされている。新撰組隊長近藤勇は幕府のお抱え蘭方医松本良順を訪ねている。相談内容は栄養状態が最悪だったからだが、良順は彼に豚とニワトリの飼育を勧めている。そして実際、京都にいた新撰組はそれを忠実に実行していた。

その後しばらくすると、「豚は不潔だから伝染病になる」というデマの広まりで、飼育も下火になった。いずれの畜産物にもいえることだが、本格的な消費拡大は第二次世界大戦の終わりを待たなければならなかった。

黒船がもたらした牛肉の夜明け

江戸時代後半、イノシシ、クマ、シカ、犬、野鳥などの肉が「薬喰い」と称し、江戸市中で滋養強壮剤の一種として、獣肉屋、ももんじ屋（けだもの屋）で売られた。川柳に「けだもの屋藪医者ほどは　口をきき」とあり、肉は薬としての効用を隠れ蓑にされていた。抜け道を見つける達人は、どの時代でもいるものだ！　これらの肉を食べることは禁止されていなかったのだが、一般庶民には後ろめたさはあっただろう。それも江戸時代後期になると多くの人でにぎわい、繁盛したといわれるから、やはり美味しかったのだろう。多くは干した肉であったが、ビーフジャーキーで見られるように味は決して悪くなかったはずだ。

有名な話として彦根藩井伊家が外交政策の一環として将軍および幕閣へ牛肉を献上したことが

ある。なかには所望する大名もいたというから好評だったのだろう。勿論、五代将軍綱吉による生類憐れみの令がとかれてからである。表向き「ご養生肉」として進物に使われたが、薬喰いとおなじように、ここでもまっとうな名目を付けなければならなかったようである。

近江（いまの滋賀県）では農耕などの役目をおえると肥えさせて（肥育）食したようだ。美味しい牛肉だったことは間違いないだろう。彦根市史によれば、牛肉は干し肉、粕漬け、味噌漬けなどにされ、一二月から一月にかけ江戸に運ばれたという。氷や冷蔵庫のない時代では寒い時期に、先のように加工して運ぶ以外になかった。食べられる時期は冬となり、牛肉は陰で冬牡丹とよばれた。なお、いまでも著名な肉牛産地になっていて、近江牛として知られている。

では普通に牛肉を食べるのはいつごろからだろう？　ひらたくいえば開国とともに始まったようだ。当時の人は米国の軍艦四隻がもたらした混乱を「泰平の眠りをさます上喜撰（蒸気船）たった四杯で夜も眠れず」といった。同時に黒船が牛乳と牛肉においても開国させた。

一八五三年にペリー来航、一八五四年に日米和親条約が締結された。日本の開国である。このとき下田と箱館（いまの函館）の二ヵ所が海外向けに開港された。

条約締結交渉で米国側の要求に牛肉の供給がある。米国人にとって牛肉は日本人にとっての米に相当する主食であり、当たり前の要求だった。だが、これが幕府を悩ませることになった。そのころ肉用として牛を手放す農家はなかったからだ。そのため幕府側の回答は「牛肉以外の食べ物は供給するが、牛肉はできない」であった。米国側が受けいれるはずがなく、箱館に限って入手できることになった。

　開国にともなって外交官や商社員など多数が来日し、横浜を中心に居を構えた。彼らも同様に牛肉（と牛乳）にこだわった。ただ近隣で牛の入手が難しく、近江から牛を連れてこなければならなかった。最初、商人は牛を歩かせて東海道を進んだ。それも頭数が多くなるにしたがい海路に切り替わった。なぜ近江からだったのか？　彦根藩には牛肉利用の伝統があり、それ用の牛がいたからである。したがって売る側に抵抗はなかったのだろう。

　それにしても近江牛は意外に美味しかったようで、居留外国人から神戸ビーフといわれた。それには背景となる理由があった。当時、外国船は神戸港に立ち寄って水と食料、燃料を補給してから東南アジアに向かったが、停泊中に食べた神戸牛の美味しさに船員が驚き、神戸ビーフとして世界に広めたからで、「日本の美味しい牛肉＝神戸ビーフ」だったのだ。

　明治に入ると転換がおとずれ、フランス料理が宮中の正式料理になる。牛肉のないフランス料理はなく、一八七二年（明治五年）、明治天皇が試食された。つづいて千年あまり食肉禁止の宣伝者だった僧侶と尼僧に食肉を勧める公布がだされた。ここで忘れてならないことが、天武天皇以降の歴代天皇、それに仏教界が肉食禁止の推進者だったことである。ここに殺生肉食禁断の詔勅は完全に終わりを迎えた。

ただ農民にとって牛は農耕用であり、一家で一頭、家族の一員だった。そのため「食べるのであれば売らない」と抵抗したといわれる。五〇年前まで多くの人は食べなかったが、これまで魚を食べてきた文化に、牛肉は容易に溶けこめなかったようである。

ここでその後の続きを加えると、役用の役目が終わるのは一九六〇年代後半、耕耘機(トラクター)の普及によってである。一九六〇年には和牛が二三四万頭、一戸あたり一・二頭と各農家が一頭飼っていた。それが七年後の一五五万頭へと急減する。やはり農家にとって毎日の世話はたいへんだったようである。これがトラクターなら普段は放置でき、世話の必要もない。同時に化学肥料が一般的になり、堆肥の必要性もうすれていった。このようにして農家は牛を必要としなくなった。

このころ幸いにして牛肉の消費がふえはじめ、頭数の減少に歯止めがかかった。その背景に高度経済成長による所得向上があり、大量の牛肉が市場にでたことで価格が下がり、多くの人が味を知ったことも大きかった。ここに牛肉供給という新しい役目が生まれた。そのうえ一九九一年、牛肉の輸入が自由化されて価格が大幅に下がった。もはや牛肉といえども特別の食べ物でなくなり、一人あたりの年間消費量は一・五キログラム(一九六〇年)から一二キログラム(二〇〇〇年)へと着実な増加が続いた。この間でスキヤキからステーキへの変遷がみられた。味付けした肉ではなく、肉そのものを食べるという一大転換である。

ところが、二〇〇一年九月、日本で牛海綿状脳症（ＢＳＥ）が発見され、牛肉消費が激減することになった。これに拍車をかけたのが二〇〇三年暮れに米国で発生したＢＳＥである。このとき、日本で消費する牛肉の三分の一が輸入禁止になった。急速に牛肉離れが進み、ＢＳＥ発生以降は一人あたり年間九キログラム前後で推移している。

牛乳の入手に四苦八苦したハリス

牛肉の普及の歴史はわかったが、本書のテーマの一つ牛乳はどうだったのか。

仏教の経典である涅槃経（ねはんぎょう）は、「従牛出乳、従乳出酪、従酪出生酥（そ）（蘇）、従生酥出熟酥、従熟酥出醍醐、醍醐最上、若有服者、衆病皆除（牛より乳をだし、乳より酪をだし、酪より生酥をだし、生酥より熟酥をだし、熟酥より醍醐をだす。醍醐は最上なり、もし服する者あれば衆病皆除く）」と説く。釈迦は仏教における修行の大切さ、奥深さを乳製品の製造過程にたとえたといわれる。酪はヨーグルト、酥は練乳やチーズに相当するだろうが、最高の味があるとされる醍醐の正確な本体は残念ながらわからない。「醍醐味」として名前だけが今にのこる。修行上で最上の真理「醍醐」にたどり着くのは、そうそう易（やさ）しいことではないことの証だろうか。

古墳時代に渡来した人々が牛乳を伝え、その子孫が継承した。飛鳥時代から平安時代末期まで宮中で広く牛乳が飲まれていたのだが、朝廷の勢力の衰えとともに飲用習慣もすたれ、長い空白期間がつづいた。渡来人が搾乳技術を教えなかったこと、和牛の乳頭は小さく、搾乳しにくいこともあったようだ。それより渡来人を対象にした排斥運動が大きかった。

八代将軍吉宗はオランダ人に勧められてインドから三頭の白牛（はくぎゅう）を輸入、房総で飼育した。このことで千葉が「酪農の発祥地」とされる。しかし飲用が主目的でなく、馬の治療薬をつくるためだった。当然のこととして世間に広まることはなかった。そうでなくても牛乳は腐敗しやすく、殺菌方法のなかった時代では搾乳直後に飲用するか、保存のため煮詰めて練乳や固形（酥や熟酥）にする以外なかったからだ。本格的な酪農は開国を待ってからである。

一八五六年、静岡県下田市にある玉泉寺に米国総領事館が置かれ、初代総領事ハリスが着任したが、しばらくすると胃の病気に悩むことになった。その背景に食生活の大きな変化、特に牛乳を飲めないことに対するいらだち（フラストレーション）があったといわれる。イノシシやシカ、クマ、野鳥の肉などは定期的に届けられたが、そのなかに牛乳は全くなかった。

牛乳の供給を下田奉行所に求めるが拒否された。ハリスは和牛を求めても奉行所から「牛は売り買いするものでない」と拒否され、つぎに香港から乳牛の購入を求めるがこれも拒否された。ヤギの入手もことわられた。「牛乳を薬としてなら」とようやく受け入れられ、奉行所が集めてくれることになった。ただ、農民は搾乳方法を知らないので奉行所は集めるのに苦労したのだった。そのうえ一五日間で飲んだ九合八勺（しゃく）（約一・八リットル）に一両三分八八文（もん）を支払い（一〇万円相当)、こんどは奉行所が驚くことになった。

このような紆余曲折を経て、やっとのことで乳をだしている子連れの和牛を手に入れることが許された。総領事と通訳ヒュースケンが境内で搾乳したことから、日本において西洋式手法でおこなわれた最初の場所となった（これより以前に長崎ではオランダ人が搾乳したと伝えられている)。玉泉寺境内に設けられている記念館には、ハリスが牛乳を飲むとき使ったギヤマン（ガラス製コップ）が展示されている。

これは牛乳が原因で日米関係が悪化してもおかしくないことであった。本当に幸いだったことはハリスが優れた人格者であり文化人であったこと、大変な親日家であったことである。在日した四年間にわたって牛乳をすこししか飲めなかったのだが、外交問題にすることはなかった。

ハリスと奉行所とのやりとりをみると、日本は牛乳を飲むこと自体を完全に忘れてしまっていたことがわかる。このときまで日本人は西洋式搾乳法を知らなかった。新しい搾乳技術が伝えられた場所、日本で初めて牛乳が売り買いされた場所として境内に「牛乳の碑」が立てられることにも理由があったのだ（図２―２)。

その碑文に時の農林大臣河野一郎は、「安政五年（一八五八年）二月米国総領事タウンゼントハリスは、政務多忙を極め病床にありました。侍女お吉は、ハリスが牛乳を欲するのを知り、禁を犯して下田近在から、和牛の乳を集めハリスに毎日与えたということです。その時ハリスが一

牛乳の碑

図2―2　玉泉寺にある牛乳の碑

五日間飲んだ九合八勺の牛乳の代価が一両三分八八文之は、米三俵分に相当したといいますから当時牛乳が如何に高価で貴重なものであったかが分かります。このことが日本における牛乳売買の初めといわれます。爾来百余年牛乳は現在重要な国民栄養食料として年生産一千余万石に達し酪農事業は重要な国策となりました。乳業の発達は国富の充実と共に前途益々津々たるものがあります」と記(しる)している。

なお下田港に米国軍艦が頻繁に停泊したことで食料調達地となった。これを示すものが玉泉寺境内にあり、牛を殺すとき繋いだ木として「屠(と)牛木（仏手柑(ぶっしゅかん)樹(じゅ)）」跡が残る。ここでも境内が西洋式による食肉化がおこなわれた最初の場所となった。当然のことながら領事館には日本の法律が適用されず（治外法権）、罰を受けることはなかった。ただ、この光景を目撃した人々はたいへん驚いたといわれ、ましてその牛肉を食べるなどは想像できないことだったようである。

ところで、当時の日本には乳牛に相当する牛はいなかった。開国によって多くの乳牛が連れてこられ、外国人が経営する牧場で日本人は欧米式酪農を学んだ。その一人が前田留吉で、外国人の体格の良さが牛肉と牛乳にあることを悟ったという。天皇に搾乳を披露し、新聞に「天皇は毎日二回牛乳を飲んでいる」と載せるなど普及に努め、一方で酪農を志す人には技術指導をした。明治一〇年、彼が新聞に載せた広告に「生乳壱合代価二銭八厘」とある。そば一杯が八厘で牛乳一合（約一八〇ミリリットル）は三・五杯分相当となり、いまの二、〇〇〇円くらいだろう。もっとも大半が外国人向けで、高い値段も庶民に無関係だったようだが。

明治も中頃になると東京が酪農の中心地になる。国会議事堂や東京タワーの周辺を乳牛が歩いている光景を想像するだけで楽しくなる。

福澤諭吉が宣伝した牛肉と牛乳

福澤諭吉は一八三四年、中津藩（大分県）下級藩士の子として大阪で生まれた。数え年で二一歳（満一九歳）になると長崎に遊学して蘭学（西洋の学問）を学び、さらに二二歳の時、大阪にあった緒方洪庵の適塾で蘭学を学んだ。昼夜の別なく読書に励むという懸命な努力もあり二二歳で適塾塾長になった。

一八六〇年に日米修好通商条約の批准書交換使節団の護衛として咸臨丸で渡米、二五歳の若さであった。つづいて一八六二年には文久遣欧使節団の翻訳方として渡欧した。一八六七年、三二歳で二度目の訪米をしている。

当時、海外を知る人はきわめて少数だった。『文明論之概略』や『西洋事情』で西洋文明を伝え、『学問のすゝめ』を著し、一方で一八六八年に慶應義塾（いまの慶応義塾大学）を設立するなど、その後の日本に大きな影響を与えた。一万円札に彼の肖像が印刷され、意外に身近な人物でもある。

ところで諭吉が牛肉と牛乳の普及に大きく貢献したことを知るものはすくないようである。欧米の実情を知っていたことが背景にあるからだろうが、熱心に効能を世に広め、宣伝にも一役かっていた。すぐあとにでてくる『肉食之説』などは、東京築地にあった牛馬会社が販売していた牛乳・乳製品（チーズ、バター、粉ミルク、コンデンスミルク）を宣伝するために書いた文章である。明治三年に書かれた宣伝文であることから、意外に早く商品化されていたことがわかる。

長崎で蘭学を学べばオランダ人の食生活を知ることになる。同じように適塾で蘭学を学ぶ塾生にとって獣肉（牛肉）を食べることに違和感がなかったようで、牛鍋をよく食べたという。そのなかの一人が諭吉である。よく知られた話だ。幕末になると関西では牛肉を入手でき、流行のはしりだった牛鍋を食べることで時代の移り変わりを感じたようだ。当時は鉄鍋に角切りにした牛肉を入れ、味噌で煮込んだ食べ方だった。

だが実情はそうでもなかったようである。諭吉自身が『福翁自伝』に、「そのとき大阪中で牛(うし)鍋(なべ)を喰わせるところはただ二軒ある。一軒は難波橋の南詰、一軒は新町の廓(くるわ)のそばにあって、最下等の店だから、およそ人間らしい人で出入りする者は決してない。文身(ほりもの)だらけの町のごろつきと緒方の書生ばかりが得意の定客(じょうきゃく)だ。何処から取り寄せた肉だか、殺した牛やら病死した牛やらそんなことには頓着なし、一人前一五〇文ばかりで牛肉と飯と十分の飲食であったが、牛はずいぶん硬くて臭かった」と述べている。

牛鍋屋はあやしげな場所にあり、牛肉の出所もあやしげなだけでなく、入れ墨をした客も多く、一般人は訪れなかったようだ。時代を考えると大胆不敵とするのがピッタリだが、若者の特権だろう、単に安かったから頻繁に訪れていたのかもしれないのだ。適塾の塾生自身が貧乏で、浮浪者と間違われるほどあやしげな身なりだったという。一文は一〇円相当、一五〇〇円で腹いっぱいになり、酒豪だった諭吉が酔っ払えるのだから確かに安いといえそうである。

さて諭吉が渡米と渡欧したときは大政奉還前、この時期で外国を訪れた日本人はごく少数である。そして外国人を見て全員が一様に驚いたことが日本人の体格の貧弱さであった。当時の平均的成人男性は身長一五〇～一六〇センチメートルだった。

岩倉具視は明治四年から約二年間、欧米を視察したが、「西洋ハ肉食ノ俗ニテ、獣肉ハ日本ノイネ米ニ比ス」と驚きを隠さない。西欧の主食を肉としたのだ！　具視の建議により明治政府は欧米から牛を導入するきっかけとなっている。明治二年、海軍が食事に牛肉を取り入れるなども体格と体力に大きな格差があったことを示す事柄だろう、もともと幕府海軍はオランダとの関係が強かった。諭吉も同じように体格の差は肉食と米食のちがいにあるとし、「文明開化の栄養食として、牛肉は世の開けるに従い誰でも食べるようになる」と説き、牛肉の普及に努めた。その宣伝文が肉食の説である。実質、聖徳太子と聖武天皇以来の肉食禁止の呪縛から庶民を解き放った人物といえそうである。

日本初の精肉店の誕生

一八六七年（慶応三年）、中川嘉兵衛が芝高輪で日本最初の精肉店「御養生牛肉中川屋」を開店させるが、諭吉からこの言葉を聞かされていた。西洋をよく知る諭吉の言うことだ、嘉兵衛に大きな励ましになったことは疑いないだろう。開店してからも諭吉はしばしば同店を訪れて牛肉を買い求め、塾生にもふるまっている。塾生も来店した。また、仲間の一人が横浜で西洋料理を知った。和洋折衷の結果生まれた関東風牛鍋が「すき焼き」の原型とされている。「士農工商老若男女、賢愚貧福おしなべて、牛鍋食はねば開化不進奴（ひらけぬやつ）」と多くの人が食べ、明治を代表する料理となった。これも諭吉の陰の功績とすべきだろう、いまではSukiyakiは国際語である。

一方、牛乳の普及でも、「牛乳を、あまねく普及すべし」と宣伝に一役かうなど大きな貢献をした。動機は牛肉と同じだろう。

一八七一年（明治三年）、諭吉は腸チフスをわずらい、築地から牛乳をとりよせて飲用した。米国人主治医の処方にしたがったのであり、このころには牛乳販売店があり、入手は容易だった。回復したことを境に、「そもそも牛乳の効能は牛肉よりも尚更に大なり。熱病労症等、その外とて身体虚弱なる者には欠くべからざるの妙品、たとえ何等の良薬あるも牛乳をもって根気を養はざれば良薬も効を成さず。じつに万病の一薬と称するも可なり。……（中略）……。願わくば我国人も今より活眼を開き、牛乳の用法に心を用いることあらば、不治の病を治し不老の寿を保ち、身体健康精心活潑、始めて日本人の名を辱しめざるを得べし」と『肉食之説』の後半で述べている。

親類縁者に牛乳を勧めただけでなく、嫌悪感をもつ人の多かった当時でも「無学文盲の空論」と記して相手にせず、多くの人に飲用を勧めた。牛乳の効能が世間に知られたことは間違いないようで、庶民も病人には積極的に飲ませたといわれる。やはり健康な人が飲むには少々割高だったようだ。このため、死期が近い人に牛乳を飲ませることが多かったことで、「牛乳が配達されると死人が出る」という風評を生むことになった。

諭吉は晩年まで牛肉を好み、牛乳を毎日飲用したという。栄養状態の良さを反映するように、晩年でも身長一七三センチメートル、体重六七キログラムと立派な体格だった。一九〇一年、六六歳で没するが、当時の男性の寿命は四〇歳以下だった。栄養状態の良さが長生きにつながったと思うと、諭吉への牛乳と牛肉からの恩返しであろう。また、西洋における食生活の紹介者としても忘れてならないことである。

牛は弥生時代後期大陸から連れてこられた。仏教の影響は大きかったようで、食用目的で殺すことが許されず、田畑を耕し、物を運ぶ役目が残された。牛乳を飲み、牛肉を食べることは黒船がもたらした開国ではじまった。それにも一悶着あったことがわかる。諭吉などのように先人の苦労があったものの、普及したとはいえず、西洋文明の取り入れに積極的であったが、食文化では消極的であった。肉は「薬喰い」や「ご養生」と栄養面での効能が強調されていたように牛乳でも同様であった。一般的な食べ物となるのは高度経済成長が始まった一九六〇年以降と考えてよいだろう。それがいまではチーズやステーキを特別と思う人はいない。

第3章　牛乳を科学する

栄養とは

　ママは母親を意味し、語源はラテン語mamma（胸・乳）にある。哺乳類は英語でmammalと表記される。これは分類学者リンネによる造語であるが、ラテン語mammalis（胸・乳房の）に由来する。的(まと)を射(い)た表現で、乳で子育てする動物は哺乳類以外にないからである。鳥類などは孵化直後から親と同じものを食べる。乳のおもな役割は子に必要な栄養を与え、生存を確実にすることであり、同時に感染予防でも大きな役割を担っている。ここでは栄養面から始めよう。

　栄養は口から入って体内で利用され、健康を維持するうえで欠かせないものだ。栄養となる物質は水または脂肪に溶ける性質がある。栄養を構成するものが栄養素で、炭水化物、脂肪、タンパク質を三大栄養素、これにミネラル（無機物）とビタミンを加えて五大栄養素に大別される。ただ、水は必須であっても栄養素といわない。酸素がなければ生きられないが、これも栄養素ではない。

五大栄養素は使われ方も果たす役割も大きく異なる。タンパク質は筋肉など体の原料に、脂肪と炭水化物は熱源として、ビタミンとミネラルは多岐にわたるが、細胞の内と外での潤滑油、骨や歯などの原料として主に使われる。

炭水化物、脂肪、タンパク質は大量に必要とされ、カロリー（熱量）をもつ物質であることで三大栄養素といわれる。これらは消化されて吸収される特徴があり、炭水化物は小腸で消化されて単糖（ブドウ糖など）に、タンパク質は胃と小腸でアミノ酸に、脂肪は胃と小腸で脂肪酸とグリセリンになり、いずれも小腸で吸収される。一方、ミネラルとビタミンは必須であっても必要量はごく微量で、消化されることなく小腸で吸収される。事実、これらの消化を目的とした消化酵素はない。

炭水化物とタンパク質のカロリーは一グラムあたり四キロカロリー、脂肪では九キロカロリーである。なお国際的な公式単位としてジュール（J）が用いられることになり、一キロカロリーを約四・二キロジュールに換算しなければならない。

三大栄養素のなかには体内でつくれないものがある。その代表がブドウ糖である。植物のみがつくることができ、人は全量をデンプンや糖として摂取する。それも毎日である。グリコーゲンは体内貯蔵型のブドウ糖であるが、筋肉が最大二〇〇グラム、肝臓が七〇グラム、カロリーにすると一〇〇〇キロカロリー程度貯蔵できる。平均的日本人のカロリー摂取量は一日約二〇〇〇キ

必須アミノ酸 （必ず食事で摂らなければならない）	イソロイシン（I）、ロイシン（L）、リシン（K）、メチオニン（M）、フェニルアラニン（F）、スレオニン（T）、トリプトファン（W）、バリン（V）、ヒスチジン（H）
条件必須アミノ酸 （必須、非必須を厳密に区別することが困難）	シスチン（C）、チロシン（Y）、アルギニン（R）
非必須アミノ酸	アラニン（A）、アスパラギン酸（D）、アスパラギン（N）、グルタミン酸（E）、グルタミン（Q）、グリシン（G）、プロリン（P）、セリン（S）、ヒドロキシプロリン（−）

注）末尾にあるアルファベットは1文字であらわすとき使われる世界共通の略記号

表3—1　タンパク質を構成するアミノ酸

ロカロリーだが、うち炭水化物由来は一二〇〇～一四〇〇キロカロリーである。これをグリコーゲンでまかなえないことは明らかである。じつはグリコーゲンは血糖値を調節するためのもので、ブドウ糖の蓄積が主目的ではない。

タンパク質でも同様なことがいえる。表3—1はアミノ酸の一覧である。さらに人の場合を例にして、アミノ酸を必須（不可欠）と非必須（可欠）に分けてある。条件必須アミノ酸は発育段階によって要不要が異なる種類である。必須アミノ酸は体内で必要量を合成できないことから不足分を食事で摂取しなければならない種類で、極論すればタンパク質摂取の必要性は必須アミノ酸（と条件必須アミノ酸）を摂取するためである。非必須アミノ酸は体内で必要量を合成でき、通常不足しないが、十分な摂取が望ましいことはいうまでもない。摂取タンパク質そのものが極端に少ないと、非必須アミノ酸といえども質的量的に不足することになるからだ。

アミノ酸を蓄えることはできない。これには注釈が必要で、アミノ酸がタンパク質となることで蓄積型になるからである。たとえば栄養不足がつづくと筋肉が失われて痩せてしまう。そして飢餓になると骨と皮ばかりの状態になる。タンパク質が不足すると筋肉がなくなるのは速い。日頃から十分なタンパク質を摂取していると飢餓に対しても強い抵抗力がある。

脂肪は大半を体内で合成でき、ブドウ糖とタンパク質からもつくられる。しかし脂肪がブドウ糖に戻ることはない。必須脂肪酸としてリノール酸、α（アルファ）リノレン酸、アラキドン酸があり、重要な生理的役割をもっている。ただ必要量はすくなく、総カロリーの四パーセントを脂肪から摂取することで十分とされている。脂肪の最大の特徴は蓄積型エネルギーになることで、寒さと飢えに対する防護壁となっていることである。

寒い地方に起源をもつ民族に肥満が多いのはこのためとされ、摂取したカロリーを効率よく脂肪に変えて蓄積する体質になっている。肥満遺伝子の所有者ともいわれ、このような人が必要以上にカロリーを摂取したら何が起きるだろう？　間違いなく肥満になる。

体格指数（ＢＭＩ）は二二が標準とされ二五を超えると太りすぎ、三〇を超えると肥満とされる。身長一七〇センチメートルであれば二二なら体重は六三・六キログラム、三〇であれば八六・七キログラムになる。体重増加分の大半は体脂肪の増加であり、日常的に心臓に大きな負担をかけていることがわかる。日本人の一・四倍に近いカロリーを摂取する米国では一五歳以上で体格指数三〇以上の人が三〇パーセントを超える。英国におけるカロリーの摂取量は一・三倍に近く、同じように体格指数が三〇以上の人は二三パーセントである。ちなみに日本では三パーセント程度である。

すべてのビタミンとミネラルは食べ物から得なければならず、それぞれの最低必要量は厳然として存在する。ただし、コエンザイムQ一〇（ten）はビタミンEと同等か、より強力な抗酸化力があることで知られ、脂溶性ビタミンの一種と考えることができる。しかし、体内で必要量を合成するためビタミンに加えない。ビタミンCは牛やニワトリは体内で合成できるが、人は合成できないためビタミンとされる。

すべての栄養を含む牛乳の不思議

人や牛は生まれてしばらくは消化機構が未発達のため栄養を液状にして与えなければならない。これが哺乳動物といわれる理由である。子牛は牛乳で育つことからわかるように、乳は必要なすべての栄養素を含む。

ただ、ここで間違えてはならないことが、牛乳の完全性は「子牛にとって」であって、「人にとって」ではないことである。特に乳児においては注意が必要で、牛乳は母乳の代わりにはならないのだ。むしろ牛乳の栄養分の多さと成分のかたよりが問題を起こし、牛乳タンパク質がアレルギーの原因になることもある。いずれも成長すれば問題にならないが。なお人間の哺育用ミルクは牛乳が原料であっても人乳の成分に近づけ、問題が起きないように工夫されている。また、牛乳にアレルギーを示す新生児が利用する粉ミルクもある。

図3—1は乳成分を系統的に分けるときの手順である。(一)脂肪は水より軽い。乳脂肪は薄膜(脂肪球皮膜)でおおわれ、脂肪球といわれる。遠心分離器によって脂肪球(クリーム)と脱脂乳に分けられる。(二)脂肪球を激しく攪拌して脂肪球皮膜をこわす。出てきた脂肪を冷やして固める。ガーゼで濾過することで脂肪が集められる。これがバターだ。バターセーラムのなかに脂肪球皮膜がある。(三)脱脂乳に酸性物質(塩酸や酢酸など)を加えるとカゼインが凝集する。これも遠心分離や濾過で分けられる。残りの液体が乳清(ホエー)だ。ほぼ透明な液体で、タンパク質を初めとして多種類の栄養素を含んでいる。

カゼインを沈殿させた原理はつぎの通りだ。タンパク質は正の電荷と負の電荷を帯び、水溶液中では正か負のいずれかに偏ることで溶けている。ところが酸やアルカリを加えてpHを変化させると、ある特定のpHで正と負の電荷が等しい状態になる。このpHを等電点といい、タンパク質の溶解度が最小となる。一般に不溶化して沈殿することが多く、カゼインでは等電点がpH四・六で

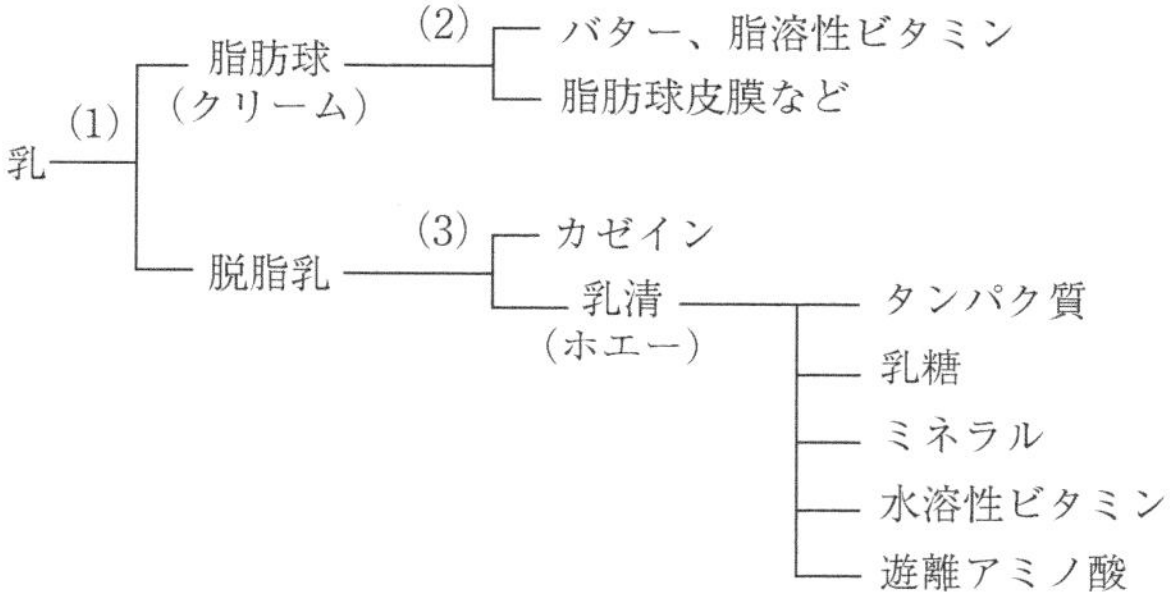
乳
(1)
脂肪球
（クリーム）
(2)
バター、脂溶性ビタミン
脂肪球皮膜など
脱脂乳
(3)
カゼイン
乳清
（ホエー）
タンパク質
乳糖
ミネラル
水溶性ビタミン
遊離アミノ酸

図3―1　乳の構成成分　（1）、（2）、（3）で遠心分離器を使い、重いものは沈み、軽いものは浮く性質を利用して分ける。

ある。

あらためて図3―1を見よう。牛乳は炭水化物（乳糖）、タンパク質（カゼインと乳清タンパク質、遊離アミノ酸）、脂肪（乳脂肪）、ミネラル、ビタミン（水溶性と脂溶性ビタミン）と五大栄養素のすべてを含んでいることがわかる。これらが大量の水に溶けている。詳しくはあとで述べるが、乳脂肪が脂肪球皮膜で包まれていることで見かけ上は水溶性となり、なかの脂肪に脂溶性ビタミン（A、D、E、Kなど）が存在できる。乳の不思議さの一端を示すものであり、水溶性、脂溶性を問わず、すべての栄養素を含む仕組みになっている。当然のこととして全種類の必須アミノ酸と必須脂肪酸を含んでいる。表3―2はいくつかの動物種における乳成分である。種によって成分量に差があるものの、本質は牛乳と違いのないことがわかるだろう。

	水分	カゼイン	乳清タンパク	脂肪	乳糖	ミネラル
人	87.1	0.4	0.6	3.8	7.1	0.2
牛	87.5	2.8	0.6	3.7	4.8	0.7
馬	88.8	1.3	1.2	1.9	6.2	0.5
犬	76.5	5.8	2.1	12.9	3.1	1.2

注）同一の種でも泌乳時期、栄養状態、品種の違いによって多少の変動がある

表3—2　動物の乳成分組成（単位：%）

これらの栄養素は乳を乾燥させると残渣としてのこり、乳固形分といわれる。これらは水分とちがい蒸発しないからで、この性質を利用すると乳の水分量を求めることができる。水分は牛乳でも人乳でも約八八パーセントであり、出生後しばらくのあいだは水を飲まなくてもよい。乳の不思議さは栄養素ばかりではないのだ！　なお脱脂乳を乾燥させると無脂固形分が求まる。この数値が牛乳の成分表示で使われる。比較的簡単な方法で乳脂肪分と無脂固形分を調べることができる。カロリーは（たとえば、一〇〇ミリリットルのキロカロリー＝脂肪パーセント×九＋無脂固形分パーセント×四）で容易に計算できる。また、牛乳を水で薄めても外見は変わらないが、不自然な乳成分となることで不正を防止できるなどの実用上の意味もある。

生命維持と必要なアミノ酸

牛乳タンパク質を栄養面から見よう。タンパク質は分解され、アミノ酸となって体内で使われる。ここでは消化の過程と栄養面とに

分けて考える。

タンパク質はアミノ酸が鎖のようにつながった一本の糸状だが、多くは折りたたまれたりして固有の立体構造をとっている。カゼインでも同様だが、さらに複数のタンパク質があつまった複合体である。ところが複雑な立体構造をとっていると消化酵素の作用を受けにくい。立体構造をこわす近道はpHを極端に変えることである。胃は胃酸（塩酸）を分泌して胃液を強い酸性にさせ、タンパク質の立体構造をこわす（変性）。

このタンパク質を大まかに切断するのが消化酵素ペプシンの役割である。これをペプチド化といい、タンパク質を数個から数十個のアミノ酸からなるアミノ酸断片（ペプチド）にする。役割としてはこれで十分である。なぜならペプチド化されると中性に戻してもタンパク質はもとの状態に戻れないからである。ペプシンは酸性で活性をもつ珍しいタンパク質消化酵素である。一方、腸内にあるタンパク質消化酵素は中性で機能する。

すこし本題から外れるが、これが食中毒を起こす病原性細菌が胃で死滅する仕組みである。ところが水やビールを大量に飲んで胃酸が薄まり、体力が弱ったときや、ストレスなどで胃酸の分泌が少ないとpHが十分に下がらない。細菌といえどもタンパク質だ！　じつは、細菌は酸にとても弱いのだ。また、pHが下がらないことでペプシンも働かない。これでは細菌は全く死なない。

このように塩酸とペプシンは食中毒をふせぐ役割をもっている。同じものを食べても食中毒を起こす人と起こさない人がいるのは、多くはこうした胃酸の状態の差によるものだ。一方、胃酸には好ましくない面もあり、この機構があることで有用菌とされる乳酸菌を摂取しても九九・九パーセントは胃で死滅することになる。

膵臓は大量の炭酸塩（CO_3^{2-}）を十二指腸に分泌し、胃で酸性になったpHを中性にする。同時にタンパク質消化酵素（トリプシン、キモトリプシン、各種ペプチダーゼ）を分泌する。いずれも中性で活性を示す強力な消化酵素群である。小腸からは消化酵素エレプシンが分泌される。胃で断片化されたタンパク質（ペプチド）は小腸を移動するあいだにアミノ酸に分解され、小腸上皮粘膜で吸収される。なぜ消化液中のタンパク質消化酵素で胃や腸が消化されないのか？　誰もが抱く疑問だ。ペプシンを例に説明しよう。

ペプシンは、分泌腺ではペプシノゲンとして存在し不活性型である。ところが分泌されたあと、塩酸によってペプシンとなり活性型となる。一方、胃壁の表面は粘膜（多糖類が主成分）でおおわれている。ペプシンは多糖類を分解できないため、胃壁に近づけない。これでは消化できない。消化管の表面も厚い粘膜でおおわれている。消化液に粘膜を分解する消化酵素はない。

分泌されたタンパク質消化酵素は、その後どうなるのだろう？　これも誰もが抱く疑問だ。消化酵素といえどもタンパク質である。消化酵素が消化酵素をアミノ酸に分解し、大腸に達するころには消えてなくなる。食事によって九種類の必須アミノ酸を満たさなければならず、一種でも

タンパク質

(1) (NH_2) − I・L・K・M・F・・T・W・V・H・・−(COOH)

(2) (NH_2) − I・・・・・M・・・・T・W・・・・・・・−(COOH)

(3) (NH_2) −・・L・K・・・F・・・・・・V・H・・−(COOH)

(4) (NH_2) −・・・・・・・・・・・・・・・・・・・・・−(COOH)

英文字：必須アミノ酸、・：非必須アミノ酸

図3—2　タンパク質と必須アミノ酸　必須アミノ酸の種類は表3—1に示した。

不足してはならない。とはいえ、含まれるアミノ酸の種類とその量に偏りがあることでタンパク質にも質の良し悪しが生まれる。図3—2に四種類のタンパク質の模式図を示した。

タンパク質（一）は九種類の必須アミノ酸が存在し、タンパク質（二）と（三）は数種の必須アミノ酸を欠き、タンパク質（四）には必須アミノ酸がない。どのタンパク質が栄養学的に最も優れているだろう？　答えはタンパク質（一）だ。最も劣るものは？　タンパク質（四）だ。それではタンパク質（二）と（三）をいっしょに食べたらどうなるだろう？　タンパク質（一）と同等となる。

多くのタンパク質はタンパク質（二）、（三）のようになっており、必須アミノ酸を完全に満たすものはマレである。そこで体内で一〇〇パーセント利用される架空のタンパク質が想定された（比較基準タンパク質）。表3—3は二〇〇七年に世界保健機関（WHO）と国連食糧農業機関（FAO）、国連大学（UNU）の連合チームが公表した比較基準タンパク質のアミノ酸である

必須アミノ酸	所要量[1]	牛乳[2]	白米[2]
リジン	30	95	42
ヒスチジン	10	32	32
芳香族アミノ酸[3]	15	98	110
ロイシン	39	110	97
イソロイシン	20	62	47
含硫アミノ酸[4]	25	41	55
バリン	26	75	68
スレオニン	15	47	42
トリプトファン	4	15	16

1：WHO/FAO/UNUが2007年に定めたアミノ酸評価パターン、成人で体重1kgあたり1日に必要とするmg数
2：「日本食品標準成分表2010」にあるタンパク質1gが含むmg数、白米は水稲穀粒の精白米
3：フェニルアラニンとチロシン
4：メチオニンとシスチン

表3―3　必須アミノ酸の所要量　牛乳、白米に含まれるタンパク質1グラムあたりに含まれる必須アミノ酸の量（単位：mg）

（WHO／FAO／UNU評価パターン）。所要摂取量とは摂取しなければならない必須アミノ酸の種類および量で、過不足のないタンパク質が理想的である。あわせて牛乳と白米のアミノ酸含量を示した。所要量の成分割合に近いほど望ましいタンパク質となる。たとえば、リジンの所要量は総必須アミノ酸の一六・三パーセント（三〇／一八四）であるが、牛乳で一六・五パーセント（九五／五七五）、白米で八・三パーセント（四二／五〇九）となり、リジンが少ないことで白米の評価は下がる。よって牛乳では含硫アミノ酸が、白米ではリジン、イソロイシン、含硫アミノ酸が欠けている。一方、白米は芳香族アミノ酸の割合が所要量の約二・七倍にもなるが、栄養学からすると牛乳のタンパク質がバランスで

食品	アミノ酸スコア[1]	第1制限アミノ酸[2]
牛乳	100	—
卵	100	—
牛肉、豚肉、鶏肉	100	—
魚肉	100	—
精白米	65	リジン
小麦粉	44	リジン
ジャガイモ	68	ロイシン
トマト	48	ロイシン
ほうれん草	50	メチオニンとシスチン

1：食品が含むタンパク質の質を評価する指数で、所要量に対し必須アミノ酸に過不足がなければ100（最高値）となる。
2：所要量に対して最も不足するアミノ酸。精白米ではリジンが最も不足し、タンパク質1グラムは0.65グラム相当と評価される。

表3—4　食品のアミノ酸スコア例

勝っていることになる。

このような差によってどんな問題があるのか？　吸収されたアミノ酸はプールされる。タンパク質は遺伝情報にしたがいアミノ酸プールから必要なアミノ酸を得て次々と結合することでつくられる。この途中、一種類でもアミノ酸がなくなると合成はとまり、タンパク質は完成しない。つまり部品が一つ足りないと機械が完成しないのと同じで、そのキーポイントが必須アミノ酸不足ということである。

したがって、食品中のタンパク質で栄養学的な質を考えるとき、アミノ酸評価パターン（所要摂取量）をもとに、最も不足する必須アミノ酸を調べればよいことになる（第一制限アミノ酸）。白米ではリジンが第一制限アミノ酸で、各必須アミノ酸の所要量を一〇〇とすると、白米のタンパク質ではリジンが六五である。このことで白米のタンパク質量が一〇〇でも、タンパク質としての価値は六五と評価される。表3―4はいくつかの動物性および植物性食品のアミノ酸スコアと第一制限アミノ酸を示した。一般的に動物性タンパク質が優れていることがわかる。

別に生きた動物を用いて利用効率からタンパク質を評価する方法として生物価がある。ただし人体実験は許されないことから、人の正確な生物価はわからない。なお、WHO／FAO／UNU評価パターンは間接的な方法によって決められた生物価である。代わりにラットで調べられ、カゼインの生物価は六九、しかし牛乳にはカゼイン以外のタンパク質があることで九〇となる。多種類のタンパク質を乳清に含むことで必須アミノ酸の過不足を解消し、理想状態一〇〇に近づけている。米の生物価は六七、小麦は五二など、この評価方法でも植物性タンパク質が劣る。

成人の一日あたりの所要摂取タンパク質は体重一キログラムあたり一・〇〜一・二グラムで、平均的日本人では七〇グラム程度となる。このなかに全種類の必須アミノ酸と所要量がなければならない。だが植物性タンパク質ではリジンとロイシンが第一制限アミノ酸となることが多い。不足するときどうするか？　これらが多い食品をいっしょに食べることだ！

大豆の原産地は中国である。唐から遣唐使が日本にもたらした。植物性であっても大豆のタンパク質にはリジンが多い。鎌倉時代以降、庶民は豆腐や納豆、味噌、黄粉（きなこ）を食べることで米に少ないリジンを補ってきた。過去、禅僧は長命であったことが知られている。日常的に大豆を食べていたことが背景にある。いまは畜産物と魚介類が大豆の代わりをする。

ブドウ糖を乳糖にする不思議

炭水化物の代表がデンプンで、世界の三大穀物（米、小麦、トウモロコシ）の主成分である。糖類も最終的にブドウ糖になればエネルギー源になる。デンプンは多数のブドウ糖が結合したもので、唾液中のアミラーゼ（プチアリン）の作用を受けて低分子化する。ご飯を嚙んでいるうちに甘さを感じる理由である。デンプンは膵臓から分泌されるアミラーゼ（アミロプシン）によりマルトース（二糖類）に分解される。さらに小腸が分泌するマルターゼでブドウ糖に分解され、小腸上皮粘膜で吸収される。単糖類にマンノース、ガラクトースなど多種類あるが、すべて小腸から吸収され肝臓でブドウ糖に変えられる。

ブドウ糖は細胞にとって最も利用しやすいエネルギー源である。最大の特質は脳と神経がエネルギー源とする物質はブドウ糖に限られ、脂肪酸とアミノ酸ではその代わりにならないことである。脳を働かせるにはブドウ糖が欠かせない。朝食を摂らないと低血糖（ブドウ糖不足）となり昼食まで頭がボーッとなるのはそのためで、経験者も多いだろう。また、脳と神経系の発達は出生後において早い時期に始まり、そして早期に終わるためブドウ糖の存在意義はとても大きい。

これでブドウ糖の特殊性、役割はわかった。牛乳中にある炭水化物は乳糖で、乳にのみ存在し、植物もつくることができない種類である。乳糖はどのようにつくられ、使われるのだろう？　図3―3に乳糖の合成と分解の過程を示した。乳糖はブドウ糖とガラクトースが結合した二糖類である。乳をだしている時期の乳腺細胞がブドウ糖をガラクトースに変え、これとブドウ糖を結合して乳糖をつくる。飲用後は小腸にあるβ（ベータ）ガラクトシダーゼ（ラクターゼ）で分解され、ガラクトースとブドウ糖として吸収される。そのあとでガラクトースは肝臓でブドウ糖に変えられる。もし肝臓でガラクトースをブドウ糖へ変換できないと不都合が生じ、新生児では深刻な症状をもたらす「ガラクトース血症」となる。遺伝病で死亡率は高い。ただし日本人ではマレな病気である。

ところで乳腺細胞はブドウ糖をガラクトースに変え、これをブドウ糖に結びつけて乳糖をつくる。なぜこんな面倒なことをするのだろう？　ブドウ糖であってもよいではないか？　誰でもが感じる疑問だろう。

じつは子のためでなく母親のためである。高濃度のブドウ糖は細胞に毒であり、これを端的に示す例が糖尿病である。人の血糖値は正常ならデシリットルあたり七〇～一四〇ミリグラム（〇・〇七～〇・一四パーセント）の範囲で変動し、この範囲を上回ると健康上で異常が生じる。糖尿病とは高濃度ブドウ糖がもたらす細胞の異常である。

牛乳の乳糖を血糖値と同じ単位であらわすと五〇〇〇ミリグラム（五パーセント）、人乳では

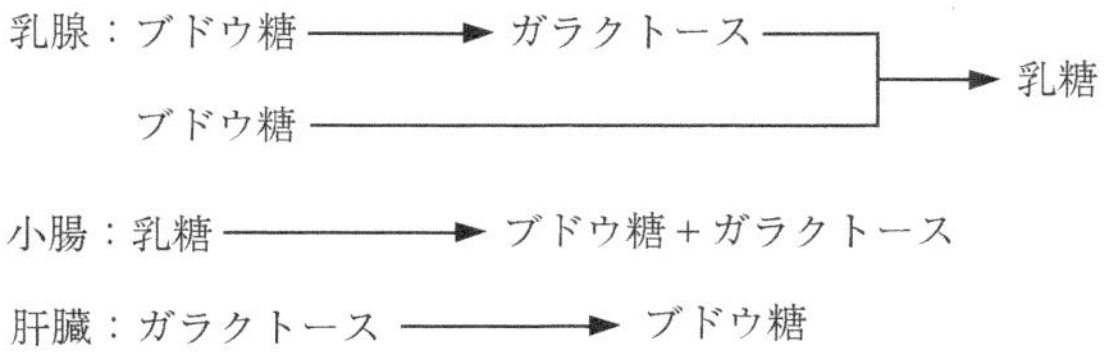
乳腺：ブドウ糖
ガラクトース
乳糖
ブドウ糖
小腸：乳糖
ブドウ糖＋ガラクトース
肝臓：ガラクトース
ブドウ糖

図3―3　乳糖の合成と分解　乳腺でつくられたガラクトースは、消化吸収後、肝臓でブドウ糖に戻され利用される。

七〇〇〇ミリグラム（七パーセント）となる。これがすべてブドウ糖だったら乳腺細胞は正常に機能できなくなる。なぜなら乳腺細胞は乳房内にある乳と接しているからである。ところが細胞は乳糖を全く利用できず、いかに高濃度であっても乳腺細胞にとって存在しないことに等しい。哺乳類はブドウ糖を細胞に無害な乳糖に変えることで子に大量の炭水化物を与えているのだ！

体液の浸透圧は一定に保たれている。当然なこととして乳にも同程度の浸透圧が求められる。血漿の浸透圧は約二九〇ミリオスモール、牛乳は約二六〇ミリオスモールでほぼ等しい。これが乳糖でなくブドウ糖だと四〇〇ミリオスモール近くに上昇する。すると血液から水分が乳に移行し、乳成分が薄まる事態になる。

別の理由も考えられる。乳糖はブドウ糖と異なり細菌類にとって使いにくい糖であることだ。乳房内の乳にも細菌がいると考えた方がよい。乳房は乳管を通して外界と連絡する外分泌腺で、乳管を通って細菌が乳房内に侵入する可能性が常にある。もし乳糖でなくブドウ糖だったら侵入した細菌は急速に増殖し、乳房（乳腺）炎を起こすだろう。

また、乳糖の甘さは砂糖（蔗糖）の六分の一程度である。甘くないので大量に飲むことができ、飲み続けても飽きないことになる。乳糖不耐症者用に乳糖を分解してガラクトースとブドウ糖にした牛乳が市販されている。飲んでみたらよい、甘さのちがいに驚くだろう。乳糖にする必要性は十分わかっただろう、進化の過程で人の理解を超えることが起きていたのだ！

これらに加え、乳糖は腸内でも大切な役割を果たしているが、その詳細は「糖のはたらき」で述べることにする。

水に溶ける乳脂肪

乳脂肪はグリセロールに脂肪酸三分子が結合した典型的なトリアシルグリセロール（脂肪）が全体の九六〜九八パーセントを占める。常識からすると脂肪は水に溶けないはずで、事実、牛乳からつくるバターは水に溶けない。ところで牛乳には約三・七パーセントの脂肪が溶けているが、なぜ？　と思う人はすくないようだ。

牛乳中の脂肪は脂肪球皮膜で包まれた脂肪球として存在し（図3―4）、直径は〇・一〜二〇マイクロメートル、大部分が三マイクロメートル程度である（一マイクロは一ミリの一〇〇〇分の一）。乳腺細胞は脂肪をつくるが、細胞内では疎水性のためお互い同士集まって脂肪滴として存在し、まだ脂肪球皮膜はない。細胞から放出されるとき、脂肪滴が細胞膜を押し上げ、細胞膜に包まれる。これは電子顕微鏡が明らかにしたことで、脂肪球皮膜は細胞膜に由来し、内側も外側も親水性である。乳脂肪を親水性の膜でくるむことで牛乳に溶ける状態にしたのだ！　なお、脂肪は乳化によっても水に溶けた状態になるが、消化管内に限られる。

生物は脂肪を水溶性にする工夫をする。一つは細胞膜でくるむこと、もう一つはタンパク質と結合することである（リポタンパク質）。哺乳類は乳脂肪で前者の方法を選び、鳥類は卵黄への脂肪の蓄積で後者を選んだ。前者では細胞膜の損失はあるものの、大量に含むことができ、そのうえ脂肪が皮膜で隠されることで存在しないことに等しい。このようにして大量の脂肪を子に与えている。たとえば北極圏で子育てする哺乳類では乳脂肪三〇パーセント以上も珍しくない。

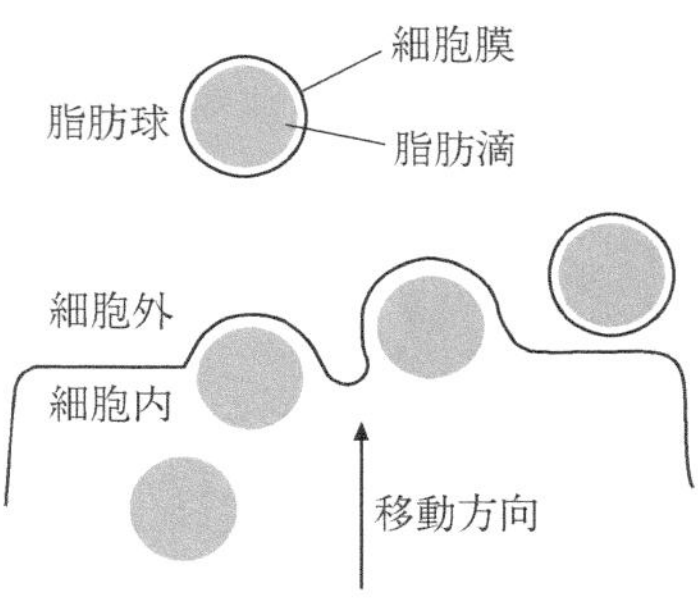
細胞膜
脂肪球
脂肪滴
細胞外
細胞内
移動方向
図3―4　脂肪球のでき方

脂肪酸の秘密

脂肪は胃および膵臓から分泌されるリパーゼでグリセロールと脂肪酸に分解される。グリセロールは炭水化物の一種である。脂肪酸は炭素数に応じ、短鎖（炭素数七以下、揮発性ともいわれる)、中鎖(炭素数八~一〇)、長鎖脂肪酸(炭素数一二以上)に分類される。溶け方で違いがあり、短鎖脂肪酸の大半は水溶性、中鎖および長鎖脂肪酸は脂溶性である。脂溶性脂肪酸は消化管で胆汁に含まれる胆汁酸と混じることで水溶性となる(乳化)。なお炭素数が一〇未満だと低級脂肪酸、それ以上だと高級脂肪酸という。宣伝文句「高級脂肪酸入り洗剤」などに惑わされてはいけない、たんなる分類上の違いである。

吸収のされ方でもちがいがある。低級脂肪酸は胃と小腸で吸収され、血液によって肝臓に運ばれ速やかにエネルギー源となる。一方、高級脂肪酸は小腸で吸収されたあと、そこで脂肪に再合成されてカイロミクロン(脂肪とタンパク質が結びついたもの)になり、リンパ液に乗って胸管を通って静脈まで運ばれ、最終的に肝臓で処理される。

さて牛乳の脂肪酸組成を見よう、乳脂肪には酪酸(炭素数四)からラウリン酸(炭素数一二)までの脂肪酸が一割前後存在する。ブドウ糖と同様に即効性のエネルギー源となる脂肪酸である。この量の多さは例外的で、反芻動物以外では、乳脂肪がこのような種類の脂肪酸を無視できるほどの量しか含んでいないのだ。牛では胃のリパーゼで消化されると、炭素数一二未満の脂肪酸であれば胃で吸収される。あとで述べるが、巧妙な仕組みによって実際に胃で消化・吸収される。乳脂肪は即効性のエネルギー源となる脂肪酸を含んでいて、牛はこれを効率的に利用する体の仕組みを備えている。

牛は草で暮らす動物である。草から生まれるエネルギー源は微生物がつくる低級脂肪酸（酢酸、乳酸、プロピオン酸など）で、もともと牛は低級脂肪酸を効率的に使える動物なのだ。役割の一部をブドウ糖に代わって低級脂肪酸が果たしているほどである。ところが人は草を利用できず、食料の大半は低級脂肪酸を含まない。人乳でも大半がトリアシルグリセロールだが、最大のちがいは低級脂肪酸が皆無に等しく、即効性のエネルギー源として乳糖を使う。

これを栄養学的に解釈すると、牛乳は低級脂肪酸を含むことで即効性のエネルギー源を、高級脂肪酸を含むことで緩効性のエネルギー源を備えていることになる。乳糖は即効性のエネルギー源で、乳脂肪が加わることで安定してエネルギーを供給する。一方、人乳では即効性のエネルギー源は乳糖のみのため、牛乳に比べ割合が高い。

ここで誤解のないように付け加えるが、じつは人も低級脂肪酸を効率よく利用できるのだ。たとえば寿司では酢飯（すめし）の酢が胃で吸収されて最初のエネルギー源となる。にぎり寿司は小腹を満たすために江戸時代に江戸で生まれたファストフード（fast food）であり、手軽に即効性のエネルギーを補給する目的にも合っている。体が無意識のうちに求めたからだろう。

カルシウム供給源としての牛乳

出生後から子は急速に成長するが、動物種のちがいで差がある。成長とは体重の増加であり、骨格の成長とタンパク質の蓄積がともなう。ちがいを説明するのが乳の栄養分である。

人は体重三キログラム程度で生まれ、二倍になるのは一〇〇日後、一方、牛は体重三〇~四〇キログラムで生まれ、五〇日すると二倍になる。人は三キログラムの増加だが、牛は三〇~四〇キログラムの増加である。骨の形成で牛は人より大量のミネラルを必要とすることになるが、一〇〇ミリリットルあたり牛乳はカルシウム一一〇ミリグラム、人乳は二七ミリグラムを含む。一日に飲む乳の量は体重の約一・五割とされ、子牛が摂取するカルシウムはじつに乳児の四〇倍だ！

骨の主成分はカルシウムとリンからなるリン酸カルシウムで（$Ca_3(PO_4)_2$）、この結晶がコラーゲンに沈着（石灰化）して骨が形成される。骨格が成長するためにカルシウム、リン、ビタミンDは欠かせず、乳を飲んで育つ時期では乳が供給することになる。

一方、コラーゲンを構成する主要なアミノ酸はグリシンとプロリン、ヒドロキシプロリン、アラニンであり、いずれも非必須アミノ酸である。一般に不足しないとされてはいるが、摂取タンパク質の絶対量がすくなければ不足することもある。また、少量とはいえ、コラーゲンにはトリプトファン以外の必須アミノ酸も存在する。

ここでも乳に巧妙な仕組みが隠され、大量のカルシウムとリンを与えることができる。その運搬の役割をカゼインが担い、カルシウムの七割、リンの五割がカゼインに関係して存在する。牛乳中にあるカルシウムのすべてが吸収されるわけではないものの、吸収率四〇パーセント以上と最高の部類に属することは間違いない。ここで重要なことが子では乳に含まれるカルシウムとリンが材料となって骨がつくられることだ。カルシウムとリンがほぼ一：一の割合で存在し、望ましい比率である。一般にリンが多すぎるとカルシウムの吸収が悪くなるからだ。カゼインが存在することで乳は量と質の二つの要因を満たすことができる。

ビタミンDの効能として、骨・歯の成長および健康維持、くる病（乳幼児の骨格発達異常）と骨粗鬆症（こつそしょうしょう）の予防がある。ビタミンDがカルシウムやリンの吸収を促進し、骨や歯への沈着を助ける作用があるとともに、血液中のカルシウム濃度を調節し一定に保つはたらきがあるからだ。ただ活性型（ビタミンD_3）になるには日光（紫外線）が必要で、日光の乏しい冬にくる病が多いのはこのためだ。また、最近では妊婦でも日焼け止めクリームを使用する人が増えた結果、胎児が骨の発育不全になる例が多くなったといわれている。医師は週二回、一回三〇分程度の日光浴を妊婦に勧めている。

ビタミンDは脂溶性であることから乳脂肪に溶けている。先に「高級脂肪酸は小腸で脂肪に再合成され、カイロミクロンとなってリンパ液に入る」と述べた。ビタミンDもこの経路を通って体内に入る。もし乳脂肪がなかったらビタミンD不足で骨の形成に不都合が生じるだろうし、同様にカゼインが存在しなければカルシウムとリンの摂取も難しいだろう。

牛乳で満腹、子牛は一日二食

乳を飲むと満腹？　誰でも不思議に思うだろう。満腹は胃に食べ物がとどまることで生まれるからである。実際に胃に入ると乳は固まり、固形状態となってとどまる。このことは子牛で古くから知られていた。そして子は満腹になる。どうしてわかるのか？　乳を欲しがらなくなるからだ。子牛が乳を飲める回数は一日二回、驚くことにウサギでは一日一回である。

主成分の一つにカゼインがあり、α、β、κ（カッパ）カゼインという三種類のタンパク質で構成され、さらに多数のカゼインが集合して巨大なミセルを形成する（詳しい構造と特徴は別に述べる）。乳の白色はカゼインの色であり、白色がカゼインの存在を示す。

生まれて一ヵ月程度、子牛は胃でタンパク質消化酵素キモシンを分泌する。ただ消化酵素としては強力でなく、タンパク質内の数ヵ所を切断する能力しかない。ところがキモシンがκカゼインに作用すると一〇五番目のフェニルアラニンと一〇六番目のメチオニンのあいだを切断し、一～一〇五番目までのペプチド（パラκカゼイン）と一〇六から一六九番目までのペプチド（マクロペプチド）にする。

図3―5は、カゼインにキモシンが作用したときの概念図である。もともとパラκカゼインは水に溶けにくく（疎水性）、マクロペプチドは水に溶けやすい（親水性）。分解後、パラκカゼイ

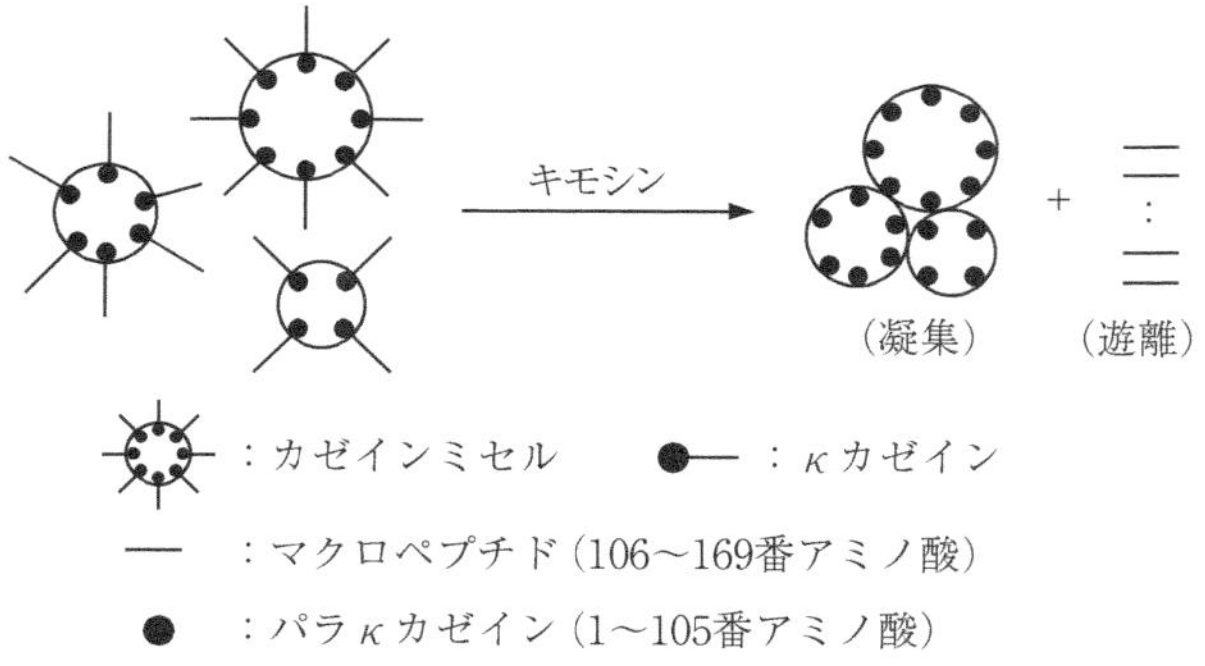
キモシン
＋
（凝集）
（遊離）
：カゼインミセル
：κカゼイン
：マクロペプチド（106〜169番アミノ酸）
：パラκカゼイン（1〜105番アミノ酸）

図3—5　キモシンによるカゼインの凝集機構

ンはカゼインミセル内にとどまり、マクロペプチドはカゼインミセルから離れる。キモシンで分解されるとカゼインミセルはマクロペプチドをうしなって親水性をなくし、このことでミセルは疎水性を一段と強め、水に溶けることが難しくなることでミセル同士が結合を始める（凝集）。これは牛乳を飲んだあと子牛の胃で起きた出来事で、白色で大きな固まりが胃のなかに出現する。固まりは胃のなかで徐々に分解されて小さくなるが、かなりの時間がかかる。じつはカゼインが固まるとき、大半の脂肪球を取り込む性質がある。固まりはカゼインだけではないのだ！　このことで胃のリパーゼが脂肪を分解し、胃で低級脂肪酸を吸収することを可能にしている。できすぎといえる不思議さである。

　カゼインの組成と構造は動物種によって異なり、凝集現象は他の動物でも見られるのだろうか？　という疑問が生じても不思議はない。なお初乳は出産後、短い期間

（牛では数日）分泌される乳で、そのあとの常乳と区別する。それぞれには異なった特徴がある。

ここにマウスでおこなわれた研究がある。乳を飲んだことは、毛が生えるまでは皮膚をとおして胃が白くなるのが見えることでわかる。そのうえ白い状態がつづく時間を調べることで胃にとどまる時間を知ることができる。それによると子牛で見られたのと同様な白い固まりが胃内にできていた。それも短時間で。さらに不思議なことは、カゼインミセルの構造がちがうからだろうが、初乳は常乳にくらべ固まりやすかった。pHが中性付近で活性をあらわすキモトリプシン様消化酵素の作用を受けて部分的に断片化したことでカゼインが固まっていた。マウスにもキモシンと同様な消化酵素があったのだ！　牛は反芻類、マウスは齧歯類に属し、両者でカゼインの構造、消化機構は異なるが、同様な白い固まりが見られたことから哺乳類に普遍的な現象と考えてよいだろう。乳幼児でも授乳直後に吐いてしまうことがあり、そのなかに白いブツブツが見られることがわかっている。

では成長してからでも胃で固まるのだろうか？　キモシンと同様、ペプシンであっても親水性部分を消化することでカゼインを固まらせている。したがって成長してからでも固まる。もっとも胃での滞留時間は短くなるが。

初乳は胃の中で固まりやすい。ではどう解釈すればよいだろう？　初乳の固まりやすさは、生まれた直後の子牛でキモシンの多いことが理由にある。しかしタンパク質消化酵素としてはより強力なペプシンが次第に多くなる。常乳は胃からなくなるスピードが速くなるということになり、多くの乳を飲むために組成の変化が必要ということになる。

なぜなら乳量は出産直後では少なく、日ごとに多くなるからだ。つまり一回あたりの哺乳量は多くなり、そのためには消化速度をあげなければならないのだ。カゼインの凝固性の変化は成長と一致し、また、いずれ乳量は低下するが、離乳可能な時期とも一致する。乳量がすくなくなれば空腹から餌を探すだろう。ここには乳の減少が子の離乳を促しているともいえる不思議さがある。

カゼインが水に溶けていられるのはミセル表面から飛びだしている親水性のアミノ酸配列（牛乳ではマクロペプチド）によることが大きい。消化酵素が作用しやすい部位であり、これが失われると不溶性となる。吸乳後、子がおとなしく眠る姿を見ることができるが、これは満腹感によるものだ。母親にとって授乳後は餌を食べられる時間となり、子がおとなしくなることに意義がある。野生牛や完全放牧牛は子牛を置き去りにして草原にでることで一日二回の授乳となる。草原で見られる子牛は草を食べる状態に成長したことを示している。

感染を防ぐ初乳

表3―5に牛乳で初乳と常乳の組成を示した。初乳にある免疫グロブリン（抗体）が感染防御

成分	初乳[1]	常乳[2]
全固形分	23.9	12.9
脂肪	6.7	4.0
乳糖	2.7	5.0
全タンパク質	14.3	3.4
カゼイン	4.8	2.8
免疫グロブリン	6.0	0.09
(IgG)	5.05	0.062
(IgA)	0.39	0.014
(IgM)	0.42	0.005

1：分娩後１日以内
2：分娩後10日以降

表3—5　牛における初乳と常乳の成分比較（単位：%）

の役割を負っている。乳牛の子牛が母乳を飲めるのは最初の一週間以内のみ、そのあとは代用乳といわれる人工の乳が与えられる。なぜなら常乳を商品として出荷するためである。肉牛の子牛は離乳まで母乳で育つが、代用乳で育てる乳牛の子牛でも発育上で違いは見られない。このことから常乳の役割は栄養を与えることに限定してよさそうである。

　子牛が母牛の体内にいるときは無菌状態にある。しかし生まれた直後からさまざまな種類の病原菌の攻撃を受ける。子牛では細菌やウイルスが原因で起こる下痢は深刻な症状をもたらすことが多く、死亡原因になることも珍しくない。ここでは初乳が備えた感染を予防する機構を述べる。

　生まれて四時間以内に初乳が与えられた子牛で下痢の発生率は二割程度と低く、かかっても症状は軽い。一方、与える時間を遅らせるにしたがって下痢の発生率が高くなる。一〇時間以上たってから初乳を与えると八割にも達し、症状は重くなり、死にいたる。これは実験によって明らかになった事柄だが、速やかに初乳を与えることの重要性を示す事実である。たいがい一時間以内に飲むことで害はめだたない。このように初乳に含まれる免疫グロブリンの果たす役割は大きい。

子宮内で母牛の免疫グロブリンが子牛の血液に移行することはなく、出産後に初乳を通じて受けとる。一方、胎盤構造の違いにより、乳児は産まれるまでに母から受けとる。人で初乳の効果は牛より小さく、含まれる免疫グロブリンもすくない。

ただし、ヒトで初乳を低く評価することは間違いである。胎盤を通して受けとる種類はIgGのみであり、初乳からIgAとIgMを受けとる。それぞれが果たす役割が全く異なるからである。初乳を飲んだ新生児では感染症を含め病気になる割合は格段に低い。このように伝達様式は違っていても免疫グロブリンの役割は変わらない。

牛の初乳と常乳に含まれる免疫グロブリンを比較すると、表3―5に示したように初乳で圧倒的に多い。なお免疫グロブリンとはIgG、IgA、IgMなどを総称したものである。牛乳でこれらの由来が問題になるが、IgGは母牛の血液から初乳に移行したもの、IgAとIgMは乳腺細胞の近傍でつくられて初乳に移行したものとされる。ともにウイルスや病原性細菌を無力化する能力があり、IgGは体内に侵入した細菌やその毒素に対する防御壁、IgAとIgMは腸管で防御壁となっている。

免疫グロブリンはタンパク質で、分子量の大きい分子である。免疫グロブリンが子牛に受け入れられるためには二つの難関を越えなければならない。タンパク質消化酵素で分解されないこと、そのままの姿で腸内や体内に移行することだ。不思議なことに、生まれた直後はそれらを可能にする機構が備わっている。

最初の難関は消化されないことである。子牛では出生後半日以内であれば胃と小腸の消化機構は未発達で、免疫グロブリンを消化できない。つぎの体内への移行でも、出生直後は腸管で細胞同士の結合が弱く免疫グロブリンは通過できる。さらに小腸の末端部（回腸）にパイエル板とよばれる部位があり、異物を積極的に取りこみ、免疫力を高める機構がある。ここでも吸収される。

実際に子牛で免疫グロブリンの吸収（移行）を調べたところ、初乳を与えると直ちに血中にあらわれてくる。免疫グロブリンは分娩直後の初乳に多く、生まれた直後は子牛の体も普通の状態とちがうため、速やかに初乳を飲ませなければならないのだ。

生まれた直後、速やかに初乳を与えることの大切さは明白である。このように初乳に病気を予防するという重要な役割がある。母牛の病気抵抗性が初乳によって子牛に伝えられ、子牛は同じ場所で暮らすことから同じ病気に対する抵抗力を短時間で獲得できることになる。

初乳に含まれる免疫グロブリンも三～七日すると少なくなる。うまくできたもので、胃で消化機能が完成することで先に述べた低pHとペプシンによる殺菌機構が働き、また、腸管では細胞同士がしっかり結合して細菌・ウイルスの侵入を許さない状態になる。免疫グロブリンは分娩五日後には二〇分の一になり役割を終える。このころにカゼインが最も多いタンパク質になり常乳となる。

すべての市販牛乳は常乳であり、病原性微生物をなくすため加熱殺菌される。「初乳は出荷禁止」の理由は、殺菌のために加熱すると免疫グロブリンが固まることで市販できないからである。酪農家は出荷できないことで躊躇することなく子牛に十分飲ませることができ、余る初乳を加熱してつくる「牛乳豆腐」を味わうという恩恵にもあずかれる。

これと関連したことがＢＳＥである。一九八五年、英国で発生した。英国では頭部など食用にできない部位を肉骨粉に加工し、代用乳と配合飼料に入れていた。このため一八万頭余りの乳牛で発症することになった。原因は肉骨粉が異常プリオンを含んでいたためだった。そして侵入場所は回腸遠位部（パイエル板）だった。

侵入した異常型プリオンが脳に移動し、つぎつぎと正常型プリオンを異常型に変えることで数を増やし、最後に脳の機能を破壊した。「海綿状脳症」とよばれるのは脳を顕微鏡で調べるとスポンジ状に変性していたからである。当初、その原因がわからず、判明するまで狂牛病（mad cow disease）といわれることになった。立つことも歩くこともできず、急に異常な行動をするなど、まるで狂った牛に見えたからである。それまで母牛も異常プリオンに遭遇したことはなく、当然のこととして無効にする免疫グロブリンは存在しなかった。

異常プリオンはきわめて消化されにくく、調理程度の加熱では全く変性しない頑丈な構造である。そのため小腸末端まで分解されず、パイエル板を通って体内に侵入することになった。日本では脳、脊髄（せきずい）、脊柱（せきちゅう）、回腸遠位部、眼球、扁桃（へんとう）が特定危険部位に指定され、すべて焼却される。いずれも異常プリオンが検出された部位である。ＢＳＥは、異常プリオンで感染し、自己増殖して発病という人類が初めて知った発病様式で、それまで毒素（タンパク質）が自己増殖し、別の動物に伝わることを人類は経験したことがなかった。そもそも草食動物に動物性タンパク質（肉骨粉）を与えたことに根本的な誤りがあったのだった。

糖のはたらき

つぎが糖類である。牛乳に含まれる糖の主体は乳糖だが、数個の単糖が結合したオリゴ糖も多い。人乳で研究が進んでいて、ここではその概要を述べる。人乳で最も多い栄養素が乳糖で、濃度は七パーセントである。しかしながら乳糖より大きなオリゴ糖（数個の単糖からなる糖）は全糖類の約二〇パーセントを占め、脂肪につぐ第三位の栄養素になっている。オリゴ糖は泌乳段階で割合は変動するものの初乳に多い。

まず乳糖についてだが、細菌にとってブドウ糖は利用しやすい糖、乳糖は利用しにくい糖である。ところがビフィズス菌や乳酸桿菌（善玉菌）などは乳糖を容易に加水分解してエネルギー源として利用し、代謝物として酢酸や乳酸などを排出する。大腸菌を含め善玉菌は活発に増殖し、一方で代謝物がpHを下げることで他の細菌（悪玉菌）の定着や増殖を抑える。多数の細菌が腸内でつくる生態系を腸内細菌叢（そう）（腸内フローラ）というが、最近の研究で腸内フローラが確立していると別の細菌が入っても簡単に排除され、また、健康と密接に関係することが明らかにされている。大腸が健康だと病原性細菌が侵入しても定着できず、ここでも腸内フローラの健全状態によって食中毒を起こす人と起こさない人のちがいがでる。

人乳で同定されたオリゴ糖は一三〇種あまり、多すぎて生理的意義と重要性が完全に解明されているとはいえないが、多くの研究者は感染防御の役割を果たしていると考えている。なぜなら一部のオリゴ糖は病原性細菌などが腸管細胞に付着・結合するのをさまたげ、また、病原性大腸菌が出す毒素を中和する作用のあることがわかったからである。オリゴ糖は初乳で多いという特徴があり、腸内フローラが形成されていない出生直後で感染防御に役立っている。

細菌やウイルスは鼻や喉（のど）、消化管の上皮粘膜から侵入する。腸管にはこれらの侵入を阻止する機構があり、細菌毒素を中和する機構がある。さらには体内に侵入した細菌やウイルスを無効にする免疫機構がある。これらの機構成立に初乳の成分が深く関わっている。

乳と生き残り作戦

これまで個々の栄養素と成長との関係について述べてきた。カゼインはカルシウムとリンを含み、同時に子牛を満腹にさせるタンパク質でもある。これらは牛乳に存在することが相応しい特徴といえよう。アミノ酸組成をみると偏りがあるが、乳清に存在する多種類のタンパク質が不足する必須アミノ酸を相殺することで欠点がめだたない。脂肪球皮膜が脂肪を包むことで子牛に大量のカロリーを与え、同時に脂溶性ビタミンを供給する。乳糖にすることで大量のブドウ糖を供給する。乳糖および皮膜に包まれた脂肪は乳以外ではみられない。一方、初乳では乳成分に免疫グロブリンを加えることで細菌感染などに対する抵抗力を与えている。役割は栄養面だけではないのだ。

乳量は泌乳時期で異なり、「へ」文字型で推移する（図3―6）。泌乳パターンは動物種で多少異なるが、基本形は変わらない。乳量は増加をつづけ、最高乳量に達する時期は離乳可能な時期よりすこし前だ。一方、その後は低下がつづき、これを止めることはできない。先に「乳量の低下は子の自立を促す」と述べたが、母側にも乳量を減らさなければならない事情がある。

牛では最高乳量は出産後二ヵ月前後である。一方、量は少ないが、子牛は一ヵ月ごろから餌を食べ始める。二ヵ月ごろの体重は約八〇キログラム、一日に飲む量は一二リットル程度であり、

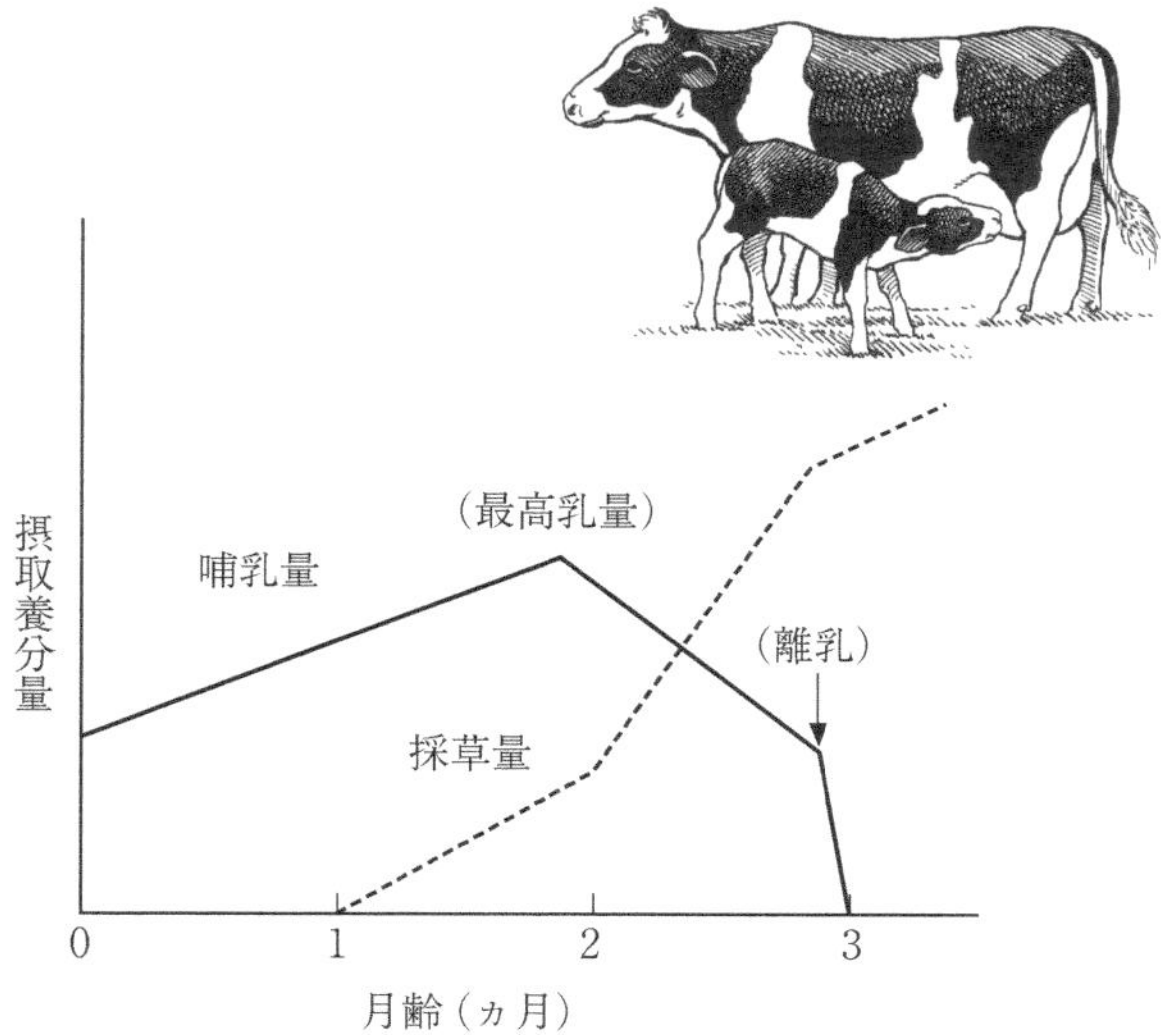
摂取養分量
哺乳量
(最高乳量)
(離乳)
採草量
0
1
2
3
月齢(ヵ月)

図3—6　子牛の哺乳量と採草量の関係　乳量は出産後2ヵ月頃最高に達し、以後減少する。離乳すると泌乳は1〜2日で止まる。子牛は生後1ヵ月頃から草を食べ始める。

母牛はタンパク質四〇〇グラム、脂肪四五〇グラム、乳糖六〇〇グラム、カロリーとして八〇〇〇キロカロリーを毎日子牛に与えている。これは母牛が生存に必要とするカロリーに近く、本当に身を削って乳を与えているのだ。子育てする犬や猫を飼った経験者であれば哺育中の親の旺盛な食欲を知っているだろう。

とにかく子育ては母親にとって大変な仕事である。このような状態を長くはつづけられないため、一日も早く自立して欲しいのだ。成長するにしたがい母牛は乳を与えることを拒否するようになる。

牛乳では栄養不足になることを教える自然の掟、仕組みといえそうである。離乳を遅らせると親はガリガリに痩せる。これと同じことが犬や猫の親でも見られる。最盛期あとの牛乳は、完全離乳までの子牛のおやつ、栄養補助食とすればよいだろう。

生まれてから体重が倍になる日数から母乳の栄養を比較しよう。表3—6に示したように体重が倍になるのは人で生まれてから一〇〇日、牛で五〇日、いずれも母乳で育つ期間内である。増加体重は人で三キログラム、牛は三〇~四〇キログラムとなり、一日あたりの平均増体重は人間で約三〇グラム、牛で約六四〇グラムとなる。一日に飲む乳は体重の一・五割程度とされ、増体重の差を栄養のちがいに求めることになる。

脂肪と乳糖はエネルギー源として使われ、ここでは重視しなくてよいだろう。はじめに考慮すべきなのがタンパク質である。人乳ではタンパク質が一・〇パーセント、一方、牛乳では三・四パーセントである。子牛がより多くのタンパク質を摂取していることになる。つぎは骨格で、骨の主成分はカルシウムとリンだが、乳ではカゼインと関係し、人乳が含むカゼインは〇・四パーセント、牛乳では二・八パーセントである。ここでも子牛がより多くのカルシウムとリンを摂取していることになる。ここに成長面から見たカゼインの重要性がある。反面、乳児にとって牛乳はタンパク質とカルシウムが多すぎ、適さないことは明らかである。

両者で増体重に差が生じる理由を乳の成分のちがいで説明できたことになる。他の動物種でも

動物種	日数	タンパク質(%)	無機物(%)	カロリー(kcal)	脂肪／乳糖
人	100	1.0	0.2	66.2	0.54
牛	50	3.4	0.7	66.1	0.77
馬	60	2.5	0.5	51.9	0.31
犬	9	7.9	1.2	160.1	4.16

表３―６　出生後、子の体重が倍になる日数と母乳100ml中の成分

見られることで、カゼインの濃度が高いと子の成長は早い傾向がある。

ここで特徴的なちがいは、体重が倍になるまでの日数がすくない動物ほど脂肪でカロリーを供給していることだ。典型例が北極圏で暮らす動物で見られる。オットセイでは脂肪五三パーセント、乳糖〇・一パーセント、タンパク質八・九パーセントである。短い夏に成長しなければならない宿命が乳成分を変えたといえるようで、寒さに耐えるための皮下脂肪を短期間で蓄えることができる。

人と牛の妊娠期間はともに約二八〇日、人は歩くまで約一年、牛は一〇分もすれば歩きだす。二足歩行と四足歩行のちがいはあるだろうが、人は未熟児状態で生まれるといってよいだろう。母牛は仲間から少し離れた場所で出産し、出産後すぐに仲間に加わる習性があるため、歩けない子牛は母牛とはぐれる、あるいは外敵に襲われることになる。早く立ち上がる子牛ほど生き残る可能性が高いことを意味し、その子孫が現在の牛である。ところが人は両親と周りが守るため、ゆっくり成長しても差し支えなかったのだろう、このように生き残りのため乳の成分を変える必要があった。

乳で子孫を残す、哺乳類でみられる特徴である。栄養を満たすだけでは不十分で、病気に対する抵抗力を与える役目も必要である。乳に存在するカゼイン、乳脂肪、乳糖、免疫グロブリンをみると自然の巧妙さに驚くばかりだ。そればかりでなく、子が無事育つために驚くべき工夫がされている。人は牛乳を飲んで、この恩恵を受けていることになる。

第4章　食品としての牛乳を科学する

法律が求める牛乳の品質

　食品にかかわることは厚労省の所管事項である。なかでも牛乳に関することは、「乳及び乳製品の成分規格等に関する省令（乳等省令）」が定め、「牛乳とは直接飲用に供する目的で販売する牛の乳」とある。牛乳は生乳（搾ったままの牛乳）を原料としたものでなければならず、タンパク質、脂肪、乳糖などの成分を勝手に変更しないことが条件に加わる。容器に「牛乳」と表示できるものは成分無調整である。ただ、低脂肪にすることは許され、その場合は成分調整乳となる。それ以外は「牛乳」と表示できず、「加工乳」としなければならない。

　殺菌について乳等省令は、「保持式により摂氏六三度で三〇分間加熱殺菌するか、又はこれと同等以上の殺菌効果を有する方法で殺菌すること」と定める。この条件で牛乳に存在する病原性細菌をなくすことができる。大腸菌群は陰性でなければならないが、耐熱性細菌と芽胞は残り、細菌数は一ミリリットルあたり五万個以下と定められた。現在、日本で無殺菌牛乳の販売が許可されている業者が北海道に一社ある（二〇一一年段階）。勿論、無殺菌でも法定基準をクリアーしているからである。なお六三度Cで三〇分間加熱することを低温保持殺菌という。冷やして殺菌することではなく、低温とは高温に対し「低い温度」を意味する。

主流の殺菌方法は、「同等以上の殺菌効果を有する方法」で、高温短時間殺菌法（七二〜七五度Cで一五〜三〇秒）もしくは超高温短時間殺菌法（一二〇〜一三〇度Cで二秒）である。だが無菌にはできず、低温で保管しなければならない。これで安心というわけでなく、低温でも増殖する細菌があり、限られた期間しか保存できない。牛乳を食卓に放置することは避けるべきだし、開封後は速やかに消費することが望ましい。もっとも一三五〜一五〇度Cで無菌にしたLL牛乳（ロングライフミルク）は未開封なら室温で保存できる。

乳質について乳等省令は、「無脂乳固形分八・〇パーセント以上、乳脂肪分三・〇パーセント以上、比重一・〇二八〜一・〇三四、酸度（乳酸パーセント）〇・一八パーセント以下」と定めている。比重は水を加えるなどの不正防止、酸度は新鮮さや生乳の取りあつかいの適切さを反映する。

牛乳パックには「公正」が丸で囲まれた欄があり、ここに表示義務のある事柄が書かれている。一例をあげると、種類別名称「牛乳」、商品名「〇〇〇」、無脂固形分「八・三パーセント以上」、乳脂肪分「三・五パーセント以上」、原材料名「生乳一〇〇パーセント」、殺菌「一三〇度

C二秒間」、内容量「一リットル」、賞味期限「天面上段に記載」、保存方法「一〇度C以下で保存してください」、そして製造者名と住所が示されている。このうち賞味期限は食品衛生法とJAS法（農林物資の規格化及び品質表示の適正化に関する法律）による表示義務である。

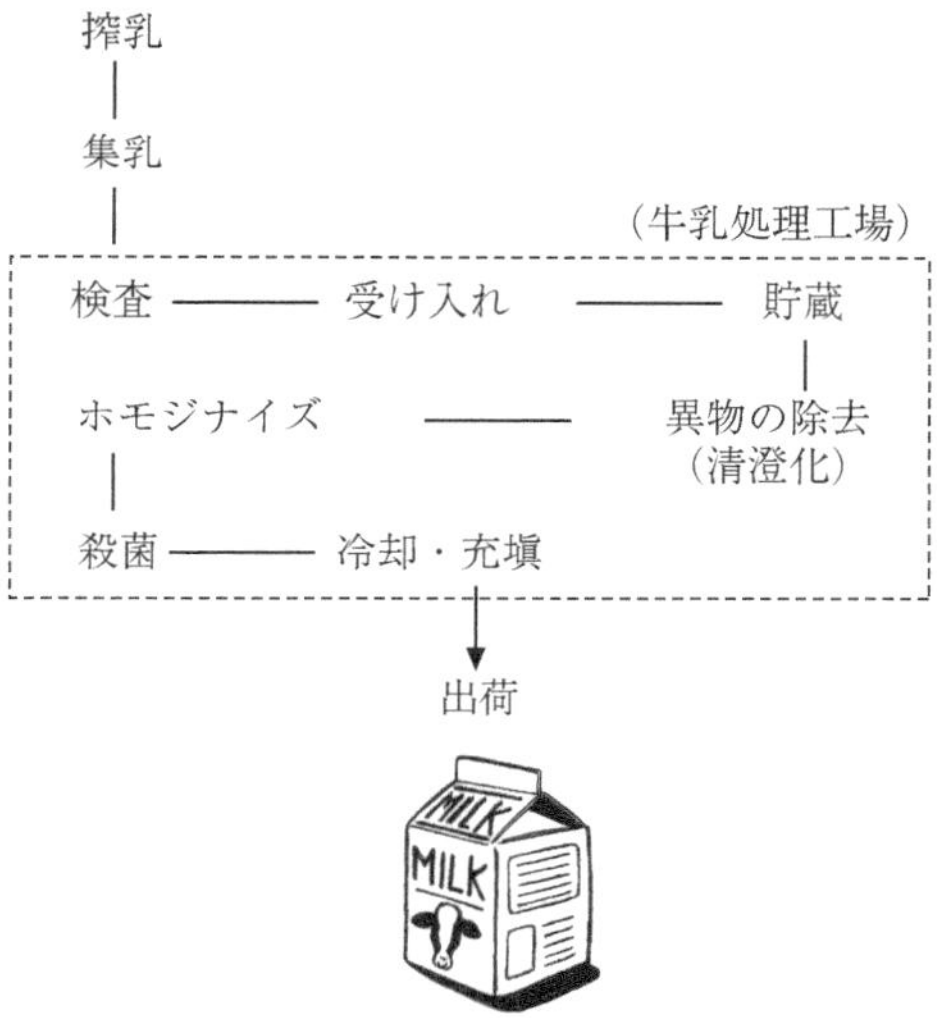
搾乳
集乳
（牛乳処理工場）
検査
受け入れ
貯蔵
異物の除去
（清澄化）
ホモジナイズ
殺菌
冷却・充填
出荷
MILK
MILK

図４—１　牛乳の出荷プロセス

図４—１は生乳が牛乳となって市販されるまでの概略である。酪農家は朝と晩に搾乳する。搾乳前に乳房と乳頭を洗って汚れを落とす。搾乳はミルカーでおこない、作業時間は一頭あたり一〇分程度である。牛乳はパイプラインを通って貯乳タンクに集められる。貯乳タンクは強力な冷却能力があり、攪拌しながら三八度C（牛の体温）を短時間で一〇度C以下に下げ、同時に低温に保つ。一〇度Cを超えると細菌の増殖が激しくなり、品質低下、酸度の上昇や腐敗につながる。牛乳パックの表示欄に、「一〇度C以下

で保存してください」とある理由でもある。搾乳後、乳頭が消毒液で洗われ、使用したミルカーとパイプラインも消毒される。ここまでが酪農家の仕事で、生乳は一日一回、専用の集乳車が集める。

牛乳処理工場に運ばれた原料乳は品質試験を受ける。乳等省令による検査項目以外に、色沢と異物の有無、風味と異常臭の有無、アルコール検査（殺菌時の安定性を調べるため）は勿論、ときには抗生物質の有無も検査対象になる。これらの検査をパスしたものが原料乳として大型の貯乳タンクに入れられる。ここでも二～五度Cに保たれ、攪拌することで大きな脂肪球が上層部に集まらないようにする。

出荷を迎えると遠心分離器でゴミと異物、微生物、芽胞などを除く（清澄化）。原料乳は規格に合う無脂固形分と脂肪率に調整され（成分の標準化）、つづいて六〇度C付近にして高圧で細い穴から押しだすことで脂肪球を小さくする。これをホモジナイズ（均一化）といい、牛乳を静置しても脂肪球が上層に集まらないようにするためだ。最後に殺菌され、瓶や紙パックに入れられ、製造日が刻印される。牛乳容器はポリエチレンでコートした紙パックが八割を占める。ところで紙パックの上端をなぞったことがあるだろうか？　片方に凹みがあるはずだ（ないものもあるが）。視覚障害者のために開ける方向を知らせる工夫である。

どのような牛乳が美味しいのだろう？　筆者は搾りたての牛乳を温めて飲む以上に美味しい牛

乳はないと思う。それが放牧で生産した牛乳であればさらによい、市販の牛乳で感じられない風味とコク、香りがあるからだ。香りは餌に影響され、季節の移り変わりを教える。無殺菌の市販牛乳があると述べたが、その根底にあるのは「消費者に美味しい牛乳を届けたい」という思いである。

美味しさの維持には低温保持殺菌が適するが、割高なためか流通量はすくない。美味しい牛乳は消費者の理解がなければ普及しない。なお、この殺菌法を「パスチャライズド」と表示されることがある。名前の由来は、「生命は生命から生まれる」ことを明らかにしたフランスの細菌学者ルイ・パスツールである。

このように搾乳から出荷まで徹底した衛生管理がおこなわれ、安心して飲用できる牛乳が消費者に届けられる。牛乳が原因で起きた食中毒はめったに聞かない。

しかしながら二〇〇〇年、近畿地方で発生した牛乳による集団食中毒を記憶している人はいるだろう。一万四〇〇〇人あまりの被害者をだした戦後最大の食中毒事件である。原因は病原性黄色ブドウ球菌が産生した毒素エンテロトキシンだった。この毒素は猛毒で耐熱性があり、不幸にして殺菌程度の条件では全く分解しない。北海道にあった牛乳処理場が停電のため、冷却できない事態が三時間つづいた。殺菌でブドウ球菌はなくなったが、毒素はのこった。この牛乳が粉乳に加工され、大阪でこの粉乳を原料にしてつくった牛乳（加工乳）で事件が起きた。毒素という不幸な面はあった。しかし食品の安全を保障することは食品業界の使命で、当の企業が破産という大きな社会的制裁を受けた。

カゼインの特性と乳製品

牛乳は乳白色である。これを乳脂肪の色と思っている人は多い。先にも述べたが、脂肪の白さは一部にすぎず、大半はカゼインが起こす光の乱反射による白色である。脱脂乳（スキムミルク）は脂肪を含まないが、やはり乳白色である。一〇〇年前、カゼインは「脱脂乳に二〇度Cで酸を加え、pH四・六にしたとき沈殿するタンパク質」と定義された。実際に、牛乳の白色がカゼインに由来することを確かめるのは簡単である。

脱脂乳を攪拌しながら少しずつ食酢を加えると、ある時点（pH四・六に近い）で白色のモヤモヤが出現する。加えることを中止して観察するとモヤモヤは消える。再開すると再び出現する。この状態で静置するとモヤモヤは沈み、上部は透明になる。透明にならないときは少し食酢を加える。この白色の沈殿物がカゼインである。ガーゼで集めることができ、これを再び水に溶かすと乳白色の液体になる。

これらの事実は、牛乳の乳白色がカゼインに由来することを示している。家庭でも確かめることができ、牛乳か脱脂乳一〇に対し食酢一程度を用意し、同じことをおこなえばよい。しばらく放置すると白色のモヤモヤが沈み、上部が透明になってくる。ガーゼで濾過して沈殿を集める、これがカッテージチーズの原型である。すこし酸っぱいので水洗いしてパンに塗って食べるとよい。

なお著者がcheesecloth（英語）を知ったのは大学院生のときに読んだ科学論文だった。何か特殊な布と思って同僚に尋ねたら、単なるガーゼ（ドイツ語）とわかった。笑われたことはいうまでもない。本来、チーズづくりで使われる粗い木綿であったと知ったのはしばらくしてからだった。

カゼインが定義されたころ、くわしい分子構造は不明だった。いまは解明が進み、基本的にα、β、κカゼインがおおよそ四：三：一の比率で結合してサブミセルとなり（分子量二五万）、さらに四五〇〜一〇〇〇個のサブミセルが集まって一つのミセル（巨大分子）になる。これが牛乳中にあるカゼインで、電子顕微鏡で見える希有な大きさである。

先に述べたようにκカゼインはキモシンで消化され、ミセルは約六割のマクロペプチドを失うと不溶になり、巨大分子であることで容易に沈殿する（図3—5参照）。このように等電点で沈殿する、また、消化酵素で沈殿するカゼインの特性がチーズとヨーグルト製造で使われる。こんな簡単な操作で集められるタンパク質はカゼイン以外にないのだ！

ここでチーズの製造で使われる凝乳酵素について述べよう。キモシンは子牛と子ヒツジの胃から得られるが、ここでは子牛を例にする。

牛の胃が分泌するタンパク質消化酵素はキモシンとペプシンである。乳を飲んでいる時期はキモシンが多く、草を食べ始めるとペプシンが多くなる。ペプシンは酸性で働くため、チーズの製造では使われていない。キモシンが多いのは乳で育つ時期となり、生後一〇～三〇日の子牛の胃から採取する。それも大半が雄の子牛からである（雌の子牛の七割が搾乳用に育てられる）。レンネット（粗抽出物）として取り出し、チーズ製造に使う。勿論レンネットにキモシンが含まれている。乾燥した子牛の胃を使うこともでき、ぬるま湯に浸すとレンネットが得られる。ただし原料は不足気味で、大腸菌につくらせたキモシンを使うこともあるが、風味で微妙な違いがでるといわれる。

無方向に微生物が増殖すれば腐敗、方向性があると発酵というが、腐る点において大差はない。人はチーズとヨーグルトを発酵でつくる。腐らせることで保存性をたかめる、これが知恵というものだ！

旅で生まれたチーズ

チーズの起源は牛乳を飲むことを知ったのと同時期と考えてよいだろう。放置した牛乳が「白い凝乳」になることに気づいただろうから（これはヨーグルトにもなる）。乳酸菌はいたるところに存在するありふれた細菌で空中にも浮遊する。乳酸は強い酸性物質で、カゼインを等電点沈殿させ、また、雑菌の増殖を防ぐ。白い凝乳の本体はカゼインである。なお乳酸菌とは炭水化物（乳では乳糖）を分解し、おもに乳酸をつくる（酸の五〇パーセント以上）グラム陽性細菌の総称であり、カタラーゼ陰性で、運動性がなく、胞子をつくらない菌類のことである。

アラブに凝乳酵素キモシンに気づいたことを連想させる民話が残されている。「ラクダの隊商が子ヒツジの胃でつくった容器（水筒）にヤギの乳を入れて旅にでた。夜になって飲もうとしたら水筒から水のような液体（乳清）がでてきて、なかに白い固まりがのこった。白い固まりは放置され、しばらくして口に入れたところ美味しいことに気づいた」というのだ。当時は液体を入れる容器として子ヒツジの胃が使われていたことから、この民話もまんざら嘘ではない。これがキモシンをつかったチーズづくり発見の発端といわれる。

これらの出来事はカゼインの特性から見ると容易に理解できる。これがチーズ製造で使われている基本原理であり、電気や特別な道具がなくてもつくれることもわかるだろう。

中東で生まれたチーズもギリシャやローマに伝えられるとさらに洗練された姿になった。中世にはヨーロッパ一帯で広く食べられる食品になっていたという。原料は牛乳以外にもヤギ乳、ヒツジ乳、馬乳、水牛乳などがあり、種類は世界で一〇〇〇種を超える。一キログラムの製造に牛乳一二〜一五キログラムが使われ、チーズは固められた牛乳、腐らせて保存性を高めた牛乳でも

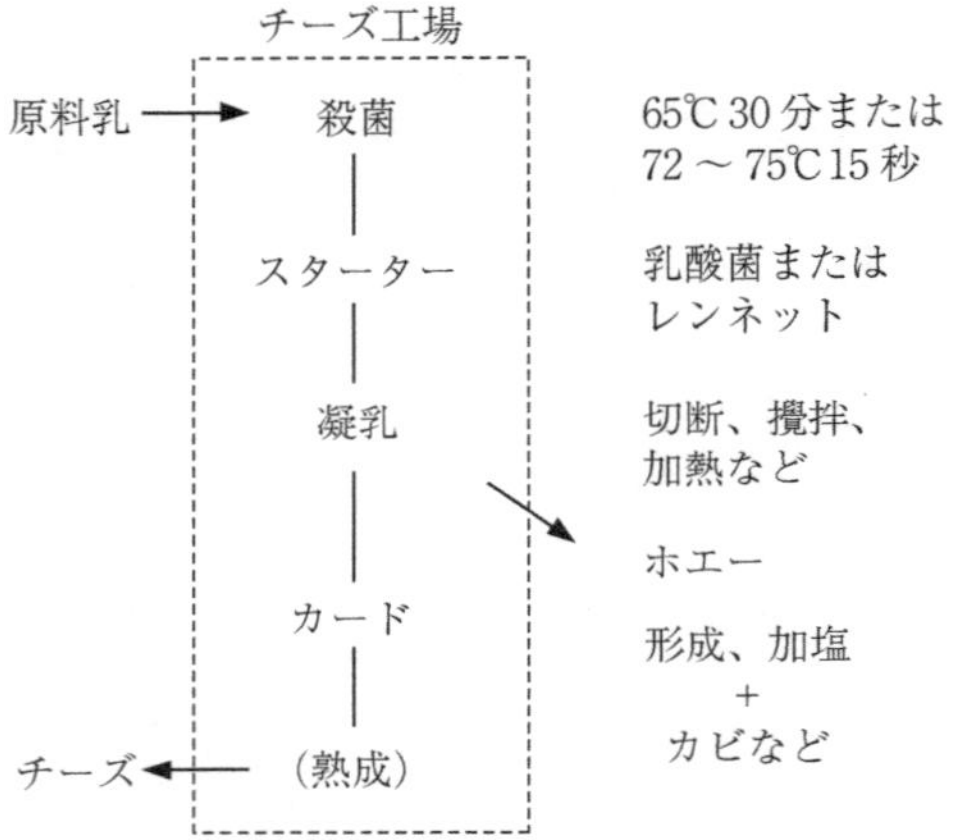
チーズ工場
原料乳
殺菌
スターター
凝乳
カード
（熟成）
チーズ
65℃ 30分または
72～75℃ 15秒
乳酸菌または
レンネット
切断、攪拌、
加熱など
ホエー
形成、加塩
+
カビなど

図4—2　ナチュラルチーズの製造工程　熟成期間は種類によって数日から2年程度と異なる。

ある。

図4—2はナチュラルチーズの基本的な製造工程である。チーズづくりは酸性物質でカゼインを沈殿させる、もしくはレンネットで固めることからはじまる（スターター）。固まりをカードという。ところでカゼインは脂肪球を巻き込んで沈殿するため、カードは脂肪を含む。脱脂乳を原料とするカッテージチーズをのぞき、ほとんどのチーズでタンパク質二〇～三〇パーセント、脂肪二五～三五パーセントとなっている。脂肪が意外なほど多いことがわかるだろう。先に述べた子牛の胃でもこれと同じことが起きている。カードとなったタンパク質と脂肪が熟成（発酵）中に分解されて特有の味となり風味となる。

カードの熟成に用いる微生物は多種多様であり、おもなものとして細菌の仲間では乳酸菌、プロピオン酸菌があり、カビの仲間では青カビ、白カビがある。一部では酵母も使われる。ただ自然状態で熟成させるため菌種の詳細（フローラ）を知ることは不可能にちかく、日本でマニュアル通りにつくっても本場の風味にはかなわないことが多い。ナチュラルチーズの輸入が多い理由の一つだ。

熟成中に微生物の酵素の作用を受けてチーズ固有の風味が生まれる。熟成期間は、フレッシュタイプで数日、セミハードタイプで二〜六ヵ月、ハードタイプで六ヵ月以上、なかには二年を要するものまである。スパゲティーにふりかけるパルメザンは熟成に二年かかり、とても硬くなるため粉にして使用する。用いる微生物の種類のちがいによってチーズの特徴が異なり、一般に細菌を使うと比較的マイルドな味になる。代表的なものとしてゴーダ、エダム、チェダーなどがある。一方、カビを使うと香りが強い個性的なチーズになる。代表的なものとしてカマンベール、ロックフォール、ゴルゴンゾラなどがある。

西洋では、「チーズがワインを育て、ワインがチーズを育てる」といわれる。本当は絶対的に美味しいチーズやワインはなく、当の産地でいっしょに食べて飲むことで最高の味になるとソムリエはいう。和食が日本酒を育てたのと同じで、地酒に合うのが郷土料理、旅先で旨い酒を見つけたとしても自宅で味わうとガッカリするのも当然である。

最近の日本でナチュラルチーズの消費の伸びは目覚ましいが、まだ特有の風味と臭いを嫌う傾向があるようだ。これに和食との相性も関係するだろう。和食ではチーズを必要としないからだ。先進国では一人あたりの消費量は年二〇キログラムを超えるが、日本では二キログラム程度と知名度にくらべ消費はすくない。この十数年でピザは日常の食べ物になり、モッツァレラがチーズ消費量（と輸入量）を飛躍的に増加させた。このチーズは癖がなく、大半の人は料理に混ぜても、その存在に気づかないことが大きいのだろう。チーズの伝統国ではナチュラルチーズが食べられるが、日本では半分がプロセスチーズである。

プロセスチーズは数種類のナチュラルチーズを混ぜてつくられ、種類を選択することでタイプの異なるチーズとなる。優れた特徴も多く、製造過程で微生物は死滅、酵素も失活することで保存性が高く、香辛料や添加物を加えることで新しい味や万人向けの味になる。熱でとろけるチーズ、バターのようなチーズ、形状でも六Ｐチーズ、スライスチーズ、さらにはキャラメル状にできるなど使い勝手がよい。一般にワインの消費がすくない国でプロセスチーズが食べられる傾向がある。国内のチーズ消費量は年二六万トン程度で、うち約一九万トンが輸入品である。一四万トンはナチュラルチーズとして食べられ、残りがプロセスチーズの原料になる。外国産チーズの種類の多さと品質の高さ、それと低価格にまだ国産チーズは勝てないようだ。

微生物がつくるヨーグルト

発酵乳の起源は乳を飲むのと同時にはじまったといわれるほど古い。乳をヨーグルトにする細菌（乳酸菌）はありふれた種類だからだ。発祥地は中央アジアからブルガリア一帯のバルカン半島と推測されている。発酵乳になることは偶然に気づいたのだろうが、改良が加えられて洗練された食品になった。いくつかをあげると世界にはブルガリアンミルク（ブルガリア）、ヨーグルト（中東）、アシドフィルスミルク（米国）、ヴィリ（フィンランド）、ケフィール（コーカサス）、クーミス（アジア）などがあり、ヨーロッパを中心とした食品のようだ。

二〇世紀初頭、メチニコフが発酵乳（ヨーグルト）を常食する地域で長命者が多いことから「不老長寿説」を提唱し、がぜん世界の注目を集めることになった。これがきっかけとなって栄養と生理的効能に関する研究がはじまったともいえる。その結果、栄養素の消化吸収に対する改善効果、整腸作用、また、老化にともなう自己免疫病、高血圧、ガンなどの疾病に対し予防効果のあることが明らかになった。

発酵乳で最も消費量の多い種類がヨーグルト（ブルガリアンミルクの仲間）、ブルガリアでは第二の主食になっていて一人あたり日本の六倍、年三二キログラム程度を食べる。これが平均値であることに着目すると、多い人は相当量になる。ＥＵで「肥満税」が導入されたように、この国には肥満者が多いことでも知られ、脂肪の摂りすぎに注意する人が増えた。また、伝統的な方法でつくられるヨーグルトの消費は減少傾向にあるが、反対に果肉を加えることで甘くして食べ

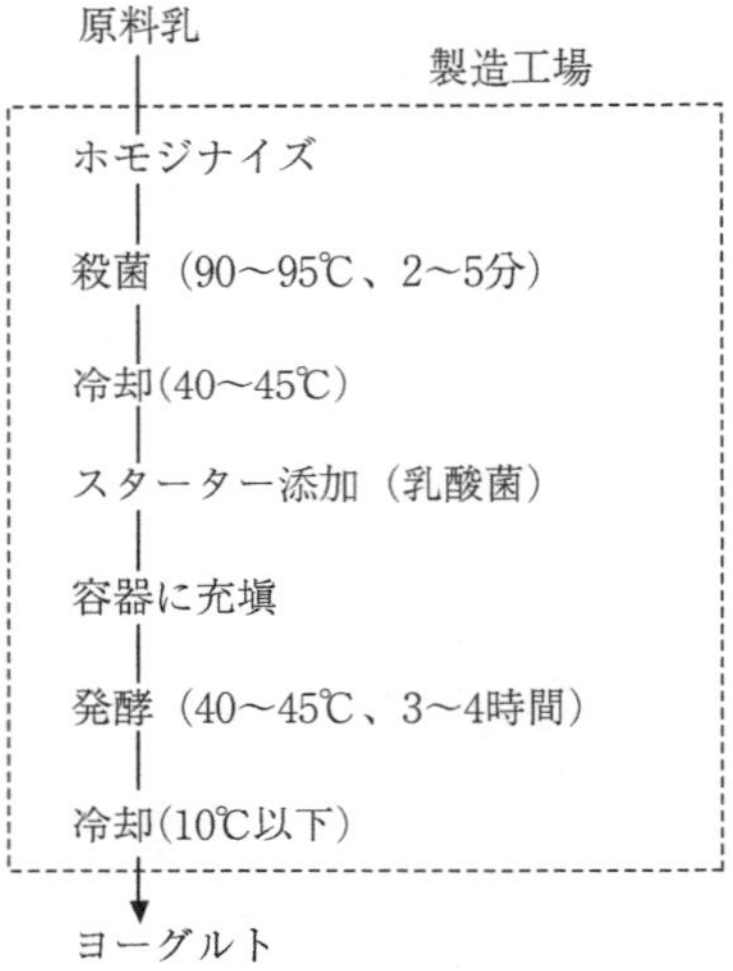
原料乳
製造工場
ホモジナイズ
殺菌（90～95℃、2～5分）
冷却(40～45℃)
スターター添加（乳酸菌）
容器に充填
発酵（40～45℃、3～4時間）
冷却(10℃以下)
ヨーグルト

図4―3　ヨーグルトの製造工程

やすくした種類（ソフトヨーグルト）が増えている。この国でも酸味の強さ、それにダイエットの天敵として脂肪は嫌われ者になりつつあるようだ。

ヨーグルトはカゼインの特徴を利用してつくられる。プレーンヨーグルトの製造工程を図4―3に示したが、ホモジナイズ操作を除くとナチュラルチーズのそれに近い。スターターとしてブルガリア菌とサーモフィルス菌（ともに乳酸菌）が併用される。理由は、サーモフィルス菌は発酵の初期で増殖し、pHが低下するにしたがい、今度はブルガリア菌の増殖が盛んとなるからだ。四〇～四五度Cで三～四時間の発酵期間中にpHは低下してカゼインがゲル化する。ただ発酵中に振動などの物理的刺激を受けるとチーズづくりで見られたカードとホエーに分離する。防止のため一部では安定化剤が使われるが、一般には乳固形分を増やして分離を防ぐ。

発酵中に細菌が乳糖の一部を消費するため甘さが失われ、伝統的製法でつくられたプレーンヨーグルトは酸味が強い（pH四付近）。強い酸性がヨーグルトのゲル化を維持し、雑菌の増殖を抑えて保存性を高めている。冷蔵庫のない時代において、乳の有効な保存方法として受け入れられたこともわかるだろう。

ここで四〇〜四五度Cの状態を数時間維持する条件は商品だから採用できることである。家庭では室温に放置することでつくられ、専用の乳酸菌も市販されている。市販の牛乳は殺菌済み、開封して菌を加えると夏場で一二〜四八時間、冬場で二四〜七二時間でヨーグルトになる。伝統的な製法は殺菌した乳に前回つくったヨーグルトを一割程度加えて発酵させる。このように毎日つくれば冷蔵庫はいらない。

簡単につくれるバター

牛乳からクリームを分離し、バターをつくる。クリームは水に溶けるが、バターは溶けず、攪拌しても表面に浮き、熱湯に入れても表面に広がるのみだ。乳脂肪は水より軽いことを示す事実だが、クリームとバターで脂肪の存在様式に本質的なちがいがあることになる。先に述べたように、乳脂肪は脂肪球皮膜でくるまれることで牛乳に溶けた状態になっている。しかし本当の意味で溶けているのではない。なぜなら静置すると浮いてくるからだ。それも大きい脂肪球ほど上部に集まりやすい（図4−4）。

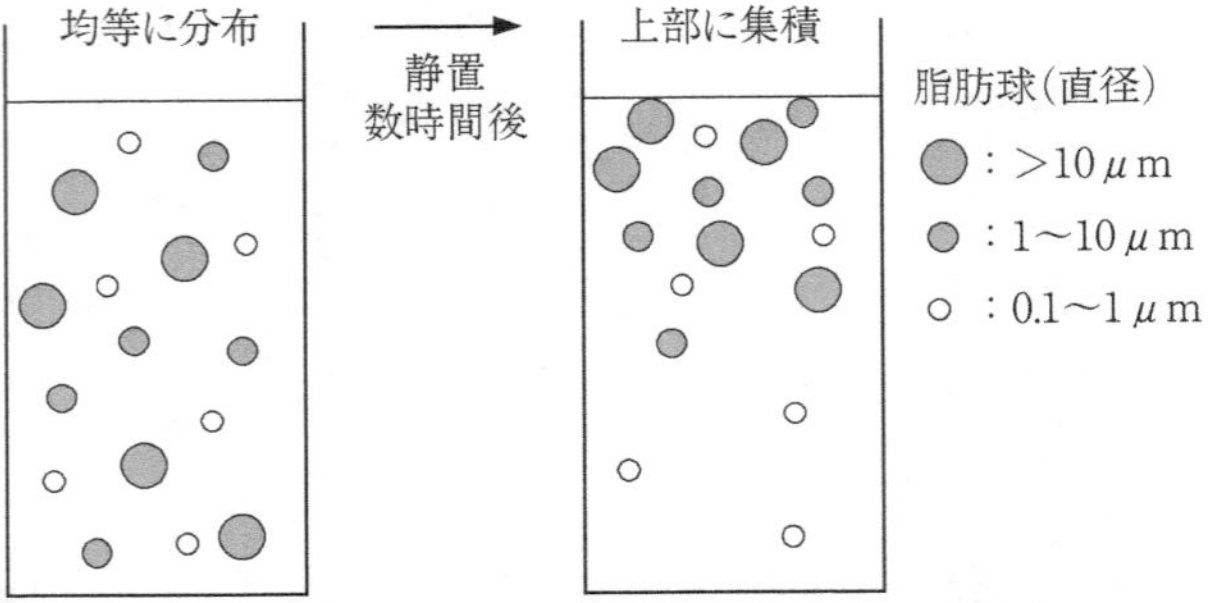
均等に分布
静置
数時間後
上部に集積
脂肪球（直径）
：>10μm
：1～10μm
：0.1～1μm

図4—4　牛乳中における脂肪球の移動　脂肪球が大きいほど上部に速く移動、１μm以下はほぼ同じ位置にとどまる。

搾りたての牛乳を放置すれば、脂肪球が上部に集まりクリームライン（クリーム層）ができる。市販の牛乳で同じことが起きるだろうか？　ノンホモ（ジナイズ）牛乳をのぞき、クリームラインはできない。ホモジナイズすることで大きな脂肪球を直径一マイクロメートル以下にしたためだ。市販牛乳で脂肪球の偏りは品質と信用に関わることとされているが、本当の理由は超高温短時間殺菌においてホモジナイズしないと殺菌が不十分になるからで、消費者にとってのメリットは小さい。

あらためて図4—4をみよう。静置後、上層部をすくい取る、もしくは底に穴を開けて下層部を除いたらどうだろう？　脂肪分の多い牛乳になるではないか！　この方法で脂肪三・七パーセント程度を一〇パーセント以上にするのは容易である。下層部は低脂肪乳として飲用、もしくはチーズやヨーグルトの原料になる。いまはクリームセパレーターを使い短時間で効率よく集めるが、本来は大がかりな道具はいらないのだ。この原理を使って古い時代でも人々はバターやアイスクリームを味わっていた。両者のちがいは、バターはクリームを破壊してつくり、一方、アイスクリームはクリームの特性を活かしてつくることである。

バターの発見は、乳を容器に入れてラクダで旅をしたところ（振動や攪拌）、表面に浮いていた黄色い固まり（バター）を見つけたことにあるとされている。遊牧民は昔と同じ原理でつくり、紅茶に入れて味わう習慣がある。これをドキュメンタリー番組で知ったとき驚きを感じた。草原でバター？　買って冷蔵庫に置くものという先入観があったからである。牛乳以外からもバターがつくられていることに気づいたのも時間がたってからだった。

生クリームをペットボトルに入れ、バチャバチャ振ってバターをつくった経験のある人もいるだろう。簡単につくれ、そのうえ味は最高だ！　酸化による味の低下はなく、バターは新鮮なものほど美味しい。大幅に機械化されているとはいえ、現在でもバターの製造では同じ原理が使われる。ところでクリームは白色、バターは黄色である。このちがいは脂肪球皮膜が光を乱反射することで生まれる。脂肪は脂肪球皮膜の中にあるため本来の色が見えないのだ。

乳等省令では、「バターとは生乳、牛乳又は特別牛乳から得られた脂肪粒を練圧したもの」、「乳脂肪分八〇パーセント以上、水分一七パーセント以下、大腸菌陰性」と定める。国際規格でも「牛乳のみ原料」は変わらない。

殺菌された原料乳がクリームセパレーターによってクリームと脱脂乳に分けられる。ここで特別なことは殺菌のための高温で脂肪が一度液体になったことである。そのため冷却することで固体に戻し、さらに冷却中の温度を調節することで硬さを調節する（エージング）。

つぎが脂肪球皮膜をこわす工程である。チャーニングといわれ、使われる装置がチャーンである。通常は脂肪率三五～四〇パーセントにしてチャーンに入れる。市販されている生クリームと同じ濃度である。容器の上下を何回も反転させ、脂肪球同士を衝突させる。先のバチャバチャ振るのと同じである。もしくは連続して製造する場合では高速で攪拌する方法が使われる。脂肪球皮膜が破壊されるにしたがい、脂肪同士がくっついて固まりとなり、これを集めて水洗いし、練り合わせてバターにする。

市販バターは成分規格通りで、脂肪が八一～八三パーセントである。なかには脂肪が九三～九七パーセントという驚くべき商品はあるが、店頭で目にすることはないだろう。国内での消費量は年間八万トン前後、うち製菓・製パン用に二・三万トン、家庭用に二万トン、外食・ホテル用に〇・八万トンとなっている。なお有塩（加塩）バターは日常目にする種類で、食塩が入れられ、カロテン（ビタミンAの前駆物質）などの添加により色調が統一されている。食塩不使用（かつての無塩）バターは完全無添加を意味し、製菓・製パン、西洋料理で使われ、また、添加物にアレルギーのある人なども利用する。発酵バターは風味を増すためにクリームを乳酸発酵させた種類である。

アイスクリームは究極の食べ物

バターの発見は容易だったとしてもアイスクリームとなると話は別のようで、実際、「古い時代でもアイスクリームを食べていた」と聞いて驚く人が多い。冷凍庫など存在しない時代だから、「つくれなかった」はずと思うからだろう。ところが品質は比較にならないが、間違いなく原型といえるものが食べられていた。原料が牛乳のクリームでなければならないことが幸いしたともいえる。なぜならバター製造の応用編といえるからだ。

牛乳の乳脂肪の特徴は飽和高級脂肪酸が低温で固体化すること、低級脂肪酸が低温で液状を保つことで固体状と液体状の脂肪の混在が絶妙な舌触りとなめらかさを生むことである。乳脂肪以外の脂肪（油脂）では低級脂肪酸がほぼ皆無で、原料とならないのだ。また、乳化性がなければならない。クリームを泡立て器でかき混ぜると半流動体になる性質で、ケーキの表面に塗られた白い物体がホイップクリームである。

乳等省令においてアイスクリームの成分は、「乳固形分一五・〇パーセント以上、乳脂肪分八・〇パーセント以上」と定める。クリームを得る方法を示した図４―４を思いだせば、特殊な機械や道具を使わないでこの成分になることがわかるだろう。この成分規格は発明したときの名残でもある。また、これと似たものとしてアイスミルク（乳固形分一〇・〇パーセント以上、乳脂肪分三・〇パーセント以上）とラクトアイス（乳固形分三・〇パーセント以上、乳脂肪〇パーセント）があり、包装を注意して見れば簡単に判別できる。

日本には優れた食品の加工技術があり、本物と間違うほどの商品がある。アイスクリーム類もその一つである。そうはいっても本物には舌触りとなめらかさで格段の違いがある。アイスクリームは多少高価だが、食べ比べもよいものだ。

ところがこの二〇年間でアイスクリームの生産量は三五パーセントの減少、それ以外は二〇パーセントの増加である。おおよその消費割合はアイスクリームを一とするとアイスミルクが一、ラクトアイスが二となっている。なかでも消費の増加はラクトアイスで著しい。さっぱり感がラクトアイスの特徴である。湿度の高い日本ではアイスクリーム類の消費は七月と八月に集中する。完全に夏の食べ物になっていることがアイスクリームの減少と関係するようである。

米国における一人あたりの消費量は年間一八リットル、勿論、世界一である。日本は六リットルだから三倍も多いことになる。価格は半値であり、そのうえ驚くほど美味しいアイスクリームを口にすれば三倍という数値にも納得できる。バケツほどもある容器に入れて売られ、季節と無関係に食べられている。

つぎは低温である。ではどのようにして低温にするのか？　じつは氷（または雪）と食塩があればマイナス二〇～マイナス一五度Cにするのは簡単で、この方法でアイスキャンディーをつくった人もいるだろう。アイスクリームは氷菓が発展したものとされている。クリームを攪拌しながら冷却し、空気を含ませて固めるとアイスクリームの出来上がりとなる。

ソフトクリームの製造はマイナス七～マイナス三度Cでおこなう。家庭でつくる機械（道具）が市販されていて、バニラエッセンスなどを加えることで特徴ある味を家庭でつくることができる。機械といってもハンドルを回すと内部でプロペラがクルクル回るシンプルな構造である。原料（市販の生クリームなど）を入れた容器を、食塩をまぶした氷に入れ、ハンドルを回して重くなったら出来上がり、驚くほど簡単だ！

ケーキをつくるとき、泡立て機や電動ミキサーでクリームからホイップクリームをつくることを知っている人は多いだろう、空気を封じ込めると半流動状になる性質を利用している。アイスクリームでいうオーバーランは九〇～一〇〇、つまり半分を空気が占め、食感、なめらかさを決める重要な要因となっている。増量のためではない。冷やしている途中、固まりはじめたら攪拌して空気を封じ込める。いうまでもないことだが、攪拌が激しすぎ、時間がながすぎるとバターになることに注意しなければならないが。

古い時代でも冬の食べ物として楽しんでいたソフトクリームをさらに低温にしたものがアイスクリーム、電気冷蔵庫が発明されて普及した。アイスクリームの製造には複雑で高度な知恵が求められるからだろう、乳製品のなかで最後の登場となった。

第2部　ニワトリとタマゴの話

第5章　ニワトリの祖先

祖先探しの決着

牛であればオーロックス、豚であればイノシシのように家畜には必ず祖先となる野生種がいる。当然、ニワトリにも祖先がいることになる。

ところが相手は牛や豚などと異なり、空を飛ぶ鳥類である。素手でスズメを捕まえることはできず、公園に集まるハトでも捕まえることは至難である。鳥は警戒心が強く、野生の鳥が人に近寄ることは決してない。大空を飛び回る鳥では飼うのに具合が悪い。それでもニワトリは生まれた。祖先はどのような野鶏を飼ったのだろうか？

祖先探しはニワトリに似ている野鶏を探すことからはじまった。人と接点のない地域にいる野鶏は最初から除外でき、その結果、東南アジアにいるのではと考えた。候補は赤色野鶏、灰色野鶏、セイロン野鶏、青襟(あおえり)野鶏の四種であった。いずれもキジの仲間である。

遺伝学における種の定義は、「交配で子が得られ、その子が正常な繁殖力をもつ」であり、これをクリアしないと同一種といわない。ニワトリと赤色野鶏を交配すると正常な繁殖力をもつ子が生まれ、どちらを雄親、雌親に選んでも結果は同じだ。このようなことは他の三種ではみられないことから、赤色野鶏がニワトリと同一種とわかった。また、ニワトリと四種の野鶏でさまざまな方面から特徴を比べた研究においても、赤色野鶏がニワトリと類似点の多いことがわかっていた。しかし、まだ家畜化されたニワトリの祖先とはいえない、間違いなく東南アジア由来であることを示さなければならないからだ。決定的な証拠は秋篠宮殿下によるミトコンドリアＤＮＡの分析から得られた。一九九〇年代なかばである。

ミトコンドリアの特殊性は遺伝の仕組みにあり、受精の段階で父（雄親）由来のミトコンドリアはなくなり、子に伝わるのはすべて母（雌親）由来である（母性遺伝）。お互いが混じり合うこともない。兄弟姉妹全員が母と同一のミトコンドリアをもつ。母も、その母も、また、その母の母も同一のミトコンドリアを所有し、一〇〇世代さかのぼっても変わらない。そのうえ目印になるものがあり、祖先探しで有力な武器になる。

ミトコンドリアは細胞に宿をかりる生物といってよい（寄生生物）。ＤＮＡは約一万七〇〇〇塩基対からなり、その構造は微生物に近い。最大の特徴は、Ｄループとよばれ、遺伝子としては全く機能しない部位があることだ。その長さは約一一〇〇塩基対、ここで突然変異が起きても一部が失われても機能上で支障がでず、変化がそのまま次世代に伝えられる。先の理由から雄で調べても雌で調べても結果に影響しない。たとえ一〇〇世代前に起きた突然変異でも、いまのDループに痕跡が残されていることで目印にできる。

突然変異は一塩基対につき一〇〇万年で二、三回起きるとされ、ほとんどの例で五〇〇塩基対程度の配列を調べれば十分な情報が得られる。近縁であれば一致度が高く、遠縁になるほど一致度が低いことを利用して血縁関係を明らかにできる。Dループの塩基配列情報を利用して人類の祖先、二〇万年前エチオピア（アフリカ）に生きた一人の女性イブにたどり着いた研究はあまりにも有名だ。殿下もミトコンドリアDNAの特徴を利用してニワトリのルーツを探した。勿論、研究材料は東南アジア各地に現在も生息する野鶏であったことはいうまでもない。

ニワトリの祖先となる野鶏を飼うのは人の歴史では古いことだろうが、突然変異の確率からすれば一万年前などは昨日今日（きのうきょう）のことである。そこでミトコンドリアDNAの遺伝子情報をたよりに、家畜化されたニワトリ、それに四種類の野鶏の枝分かれ図がつくられた（図5―1）。赤色野鶏のなかにニワトリとの一致度の高い個体がタイにいた。その結果、遺伝子上で赤色野鶏が最も近いことが判明した。勿論、過去におこなわれた研究結果とも矛盾せずニワトリの祖先とされた。やはりルーツは東南アジアにあったのだ！

なお一〇〇パーセント一致する必要はなく、多少のズレはよく見られる。なぜなら生息地が広いと、それぞれの地域に合うように独自の進化をするのが一般的だからだ（地理的隔離）。赤色

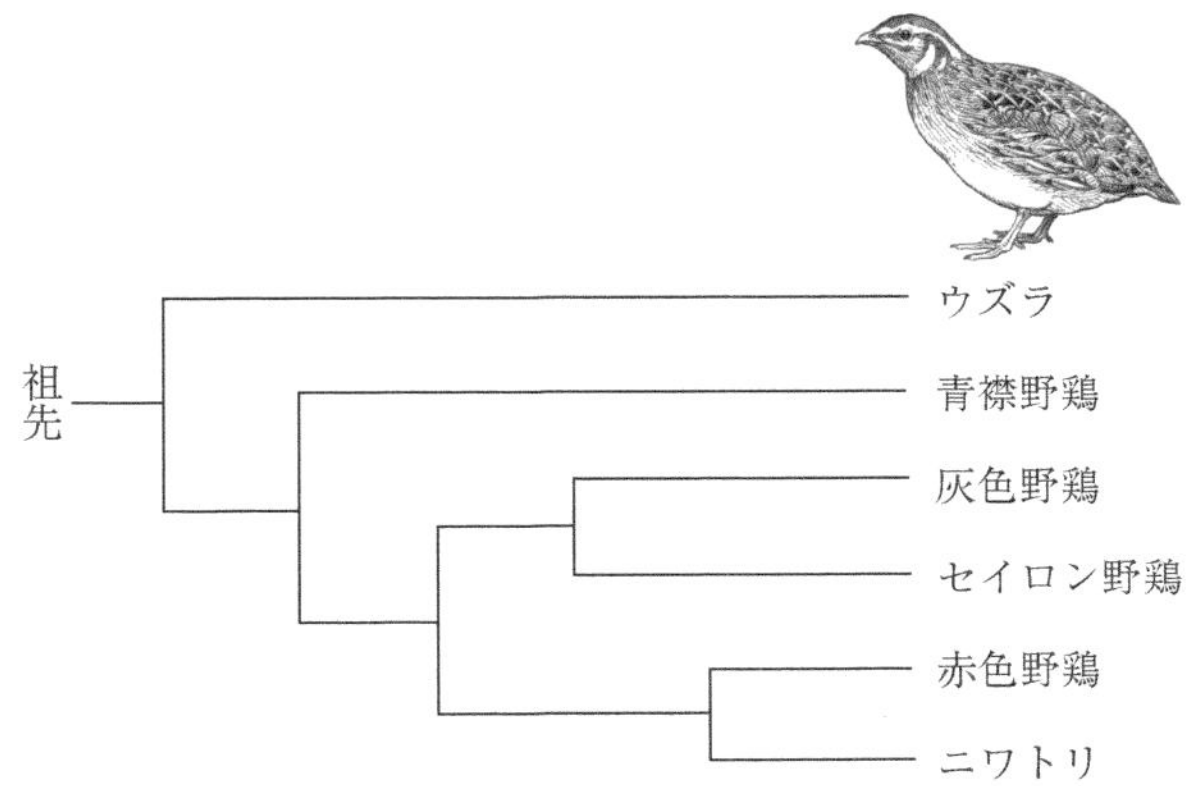
ウズラ
祖先
青襟野鶏
灰色野鶏
セイロン野鶏
赤色野鶏
ニワトリ

図５―１　ミトコンドリア情報からみた相互関係　ニワトリは赤色野鶏と最も近い血縁関係にあり、これを基礎に作出されたことがわかる。

野鶏は最も広範囲に生息し、種類も四つに大別できるという（四亜種）。したがって赤色野鶏のあいだでも一致度の高い種類と低い種類がいて当然なのだ。ニワトリのあいだでも一致度の低い種類が現存し、野鶏が東南アジア各地で家畜化されたことを物語っている。

分類学上、キジ科、ニワトリ属（野鶏属）、ニワトリ種（赤色野鶏種）とされ、ニワトリ属に赤色野鶏と灰色野鶏、セイロン野鶏、青襟野鶏が属する。なお赤色野鶏はニワトリと同じ種である。ただ正確には赤色野鶏が種、それから派生したことでニワトリは亜種となる。他の三種（灰色野鶏、セイロン野鶏、青襟野鶏）は赤色野鶏と遺伝学的に近いことは間違いないが、古い時代にさかのぼって袂（たもと）を分かち、それぞれが独自の方向に進化したことが明らかになった。

枝分かれ図から青襟野鶏が赤色野鶏と一致度が低く、早い段階で別の方向に進化した。このことから青襟野鶏が野鶏属の祖先に近いといえるようだ。また、ウズラはキジ科に属すが、青襟野鶏よりさらにさかのぼって分化し、ウズラ属になった。同じ理屈でウズラが青襟野鶏より野鶏の祖先に近いといえるようだ。これから一〇〇万年後には青襟野鶏属が生まれるかもしれない。ただし残っていればだが。人（ホモサピエンス）の出現は二〇万年前とされているが、つぎの新種ができるにはまだ不十分な時間の長さだ。

これまで人が鳥本来の鳴き方を変えた歴史はなく、結論するうえで鳴き方が基礎にあったことは間違いないだろう。なぜなら赤色野鶏の雄の鳴き声は「コケコッコ」の四音節からなり、ニワトリの雄と同じだからである。他の三種類の野鶏は四音節で鳴かない。そのうえ赤色野鶏の雄は朝と昼と夜の三回、トキをつくる。これもニワトリの雄と同じである。

雄は遠くまで届く鳴き声（トキ）で、雌には存在を伝え、他の雄には縄張りに近づかないよう警告している。これが朝一番の仕事というわけだが、皮肉なことにトキが人に関心を向かせたと考えられるのだ。

赤色野鶏を飼ったわけ

なぜ赤色野鶏を家畜にしたのだろう、タマゴが目的だろうか？　鶏肉が目的だろうか？　だが、どちらも正しくないようである。

赤色野鶏の産卵時期は六〜七月、産卵数は四〜八個である。このようにタマゴが得られる時期は限られ、個数もすくない。このことからタマゴを得る目的で飼ったのではないだろう。また肉を得る目的はあっただろうが、体重は一キログラムに満たないほどである。得られる肉は最大でも四〇〇グラム程度、二〜三人で食べると一回でなくなる。殺せばかならず羽数が減り、肉を目的にすると多数を飼わなければならない。これでは狩りで捕まえて食べることと大差ない。どうも鶏肉を目的として飼ったのでもなさそうである。答えを見つけるには行動や習性を調べなければならないようだ。

野鶏が食べる餌は地面にあり、歩きまわってミミズなどの小動物、昆虫、実、葉などを探し、ついばんで食べる。さらに人が暮らしている場所には餌となるものが多く、スズメをみるとわかるように人の集落は野鶏にとって格好の餌場といえるだろう。母鳥が「コッコッコッ」と鳴いてヒナに餌のありかを教える姿はほほえましいものがある。母鳥が口移しで餌を与えることはなく、ヒナは教えられた餌をついばむ。近くの森をねぐらとし、日の出とともに餌をもとめて人里にあらわれる。飛ぶことはマレで、日中の大半を地上で過ごし行動範囲は意外に狭い。しかしながら夜は鶏小屋で過ごし、日中は放し飼いされるニワトリ一家で一日の行動をみると、野鶏もこのようにして暮らしていたと想像される。著者の少年時代、このようなニワトリが農村でみられた。餌を与えると近寄ってくるなど、意外なことにニワトリは人の存在をあまり気にしない。

ところで捕まえなければ話にならない。どのようにして捕まえるか？　最も簡単な方法がヒナ（幼鳥）を見つけることである。自分で青菜やくず米を食べることから餌についての問題はすくないだろうが、育てるには相当の工夫がいるだろう。それを解決するのが人の知恵だ！　ニワトリはヒナから人手で育ててもなつかないが、無視もしない。ローレンツがハイイロガンのヒナで発見した、最初に見た動くものを親と思い込むすり込みは水鳥に限られ、ニワトリには当てはまらないようだ。赤色野鶏も同様だろう。しかし、すり込みという特質は家畜化に必須ではなかった。

赤色野鶏研究の第一人者だった東京大学農学部西田隆雄教授は三〇年前にされた講義で、「飛ぶ能力は野鳥そのものだ。人里と森を行き来し、野生の赤色野鶏を人が飼う姿を目にした」と話された。人里に姿を見せることは珍しくなく、ヒナであれば現地の人にとって捕まえることは容易だったようだ。日本の野山に生息するキジ（日本の国鳥）なども、あと数歩という足下(あしもと)から突然バタバタと飛びだし、驚かされた人がいるはずだ。そこに巣のあることが多い。同じようにウズラも地面のくぼみに枯れ草をしいて巣をつくり、そこで雌が抱卵と子育てをする。このようなことがキジの仲間で共通してみられる。

野生動物の神経質な性格は外敵から身を守るためである。それも人が飼い、世代を重ねると次第におとなしくなる。これは家畜化された動物で等しく見られたことである。それも当然で、人が敵でないとわかれば身を守る必要もないからだ。ここでも赤色野鶏の神経質な性格は家畜化の障害にならなかった。赤色野鶏が家畜になった事実が、東南アジア各地で多くの人が飼ったことを示している。ただ飼うことは容易であっても、目的がタマゴでも肉でもないとすると、「理由は何だったのか」と振り出しにもどる。

古代では一日の生活は太陽が昇ると始まり、沈むと終わる。赤色野鶏がトキをつくる時間と人が活動する時間とはピッタリ一致する。時間を知るためにこの鳥を手もとに置きたいと思ったとしても驚かない。このことが飼う動機になり、さらに赤色野鶏に宗教的な意味合いを感じても不思議はないだろう。これが飼うことにした最大の理由に思えてならない。それ以外の特徴に気づくのは飼ってからだろう。

日本でも同じことをうかがわせる事実がある。古くからニワトリが神社を中心として飼われ、特色ある鳴き声を大切にしてきたからだ。いまでも由緒ある神社仏閣の周辺地域にのこり、多くが天然記念物に指定されている。また、一万円札に鳳凰（ほうおう）が印刷されている。実在しない鳥だが、ニワトリに似ていなくもなく、やはり神社と仏閣、御輿（みこし）に合う。

これは神話で、内容はうろ覚えで必ずしも正確ではないが、弟スサノヲの乱暴に怒った兄アマテラス（天照大神、太陽の神）が天の岩屋戸に隠れたという。世は暗闇になり、アマテラスに洞穴からでてもらうためニワトリにトキをつくらせ、「夜明けと間違わせた」とある。

ニワトリの伝来は弥生時代以降とされ、神話が生まれた時代、すでに飼われていたことを示す事実であり、それも鳴き声を重視していたこともわかる。古くから早朝に鳴くのを一番鳥、日の出に鳴くのを二番鳥といい、ニワトリが一日の始まりをつげていた。長鳴鳥の一種、東天紅は、まさに暁をつげる鳥だった。

鶏合わせといわれる闘鶏の起源は、神の声をきく神事にあるといわれる。雄には強い縄張り意識があり、雄が近づくと縄張りから追いだす行動をとる。ニワトリ社会では決まった夫婦関係はなく、雌を守るためではない。ようは雄を見ると攻撃する性質があるという単純なことである。この習性を利用して闘鶏がおこなわれる。雄の足には鋭い距があり（雌では痕跡程度）、有力な攻撃武器になっている。東南アジア各地で闘鶏がおこなわれ、飼う動機が闘鶏のためとする研究者もいるほどである。

雄の気の強さは別格で、怒らせると人に向かってくるほどである。だが恐怖を感じるほどではない。ところが犬や猫には十分な脅威になるようで、争ってもたいていの場合すごすご退散するのは犬や猫の方である。このように地上で暮らすニワトリ一家にとって、雄は立派な用心棒となっている。だが、これも昼間に限られ、夜間は見えないこと（夜盲症）で犬や猫にかなわない。

古い時代においても赤色野鶏は何か人を引きつける魅力があったのだろう。それは鳴き声だろうと想像するが、いずれにしても東南アジアで人と暮らすことになった。

人がなくさせた能力に飛翔力がある。空を飛び回る能力だ。不要なだけでなく、うっかりすると逃げるだろうからむしろ邪魔になる能力である。羽を小さくすることで飛べない鳥にする努力がつづけられた結果、いまのニワトリはヒナから屋外で育てても低い木に飛び移るくらいの能力しかない。飛んでも一〇〇メートル程度だろう。しかし完全に本能をなくしたわけではないようだ。その証拠に安心できるからだろうか夜は木の枝、高いところの止まり木で眠る。人間の知恵が歩くことに専念するニワトリに育てたのだった。

市井の民間人の愛と執念

ニワトリは珍しい性質のもち主だ。人を恐れない。腹がへっても催促せず、こびもしない。とにかく雄は気位が高く、闘争心旺盛、鳴き声は独特、そのうえ姿は美しい。自分で餌をさがすので飼う手間はかからない。カゴに入れてもおとなしい。体重の軽さからいっしょに旅をしても支障ない。一羽で飼うこともできる。寿命は一〇年以上と長命で、ペットに必要な要件をすべて備えていた。

赤色野鶏は人に連れられて東南アジアを出発して中国さらに日本へ、インドを通ってエジプト、また、トルコを経て南ヨーロッパへと旅をした。出発は七〇〇〇年前といわれる。東南アジアをでた赤色野鶏が長旅をして、日本には弥生時代にたどり着いたとされ、それをニワトリの埴輪（はにわ）が証明している。盛んになるのは古墳時代になってからで、その末裔が各地に残る地鶏である。繰りかえすが日本在来のニワトリはいない。

先に述べた殺生肉食禁断の詔勅はニワトリの肉を食べることを禁じた。トキをつくる貴重な鳥としてあつかうことにしたからだが、それまでは鶏肉を食べていたことを暗示させる。しかし建前上、ニワトリを食べる目的で飼えなくなり、そこで発達したのが愛玩用としての品種改良だった。ここで大きな役割を果たす人々が市井のニワトリ愛好家で、注意深く観察し、最大限特徴を際立たせた。愛好家同士で競いあって珍しい鳥に育て、自慢しあう姿が目に浮かぶようだ。

現代遺伝学は一九〇〇年の「メンデルによる遺伝の三法則」の再発見に始まる。いまの品種改良は遺伝学の原理原則に基づいておこなわれるが、これらを知らなくても支障はない。ようは際立たせたい特徴において、それを備えた個体同士を掛けあわせることを何世代も繰りかえせばよいからである。長鳴鳥にしようとすれば、最も長く鳴く雄を選ぶことだ。雌で長鳴性はわからないが、優れた雄を父にした個体をえらび交配に使う。これを繰りかえすと長鳴鳥になる。すべての家畜の品種改良はこのような経験から始まっている。しかし実現には長い時間がかかる。このことからニワトリの改良において、日本人の執念は世界水準を超えていたことになる。

これには理由がある。動物との接し方が日本人と西洋人とでは正反対だからである。日本人は動物に対し愛情をそそぐが、西洋人は動物を自分にしたがう「物」として接する。西洋人は実利を優先させ、不要になれば殺すことをいとわない。そこには情けなどみじんもない。馬への感謝をこめて建立(こんりゅう)された馬頭観音を見て理解できる西洋人は少数派だろうし、日本人の犬や猫への接し方を見ても理解できない西洋人が大半だろう。西洋人は雑種の犬や猫を拾って育てることはほとんどしない。実利を求めず、趣味で動物を飼うことは驚くことではなく、日本人は古くからニワトリに対し愛情をそそぐ相手として接し、なかでも市井の愛好家が際立っていた。

平安時代、遣唐使が小国(しょうこく)を中国からもちかえった。赤色野鶏にそっくりで、雄は体重二キログラム、雌は一・四キログラムと小型である。そのあと日本におけるニワトリの地位を一変させるほど大きな影響を与えた種類である。長鳴性があり、正確なトキをつくることで正告(しょうこく)（正刻）ともよばれた。

遺伝学に勝った観察力

これを基礎にして生まれたのが東天紅、長鳴性に優れ、なかには「コケコッコオー」と二〇秒以上も鳴くものもいる。普通のニワトリでは三秒程度だから異常な長鳴性だ。また、日本が家畜化した鳥にウズラがある。飼いはじめは室町時代といわれ、なつくこともあったが、容姿が特別うつくしいわけでもなく、おもな動機は鳴き声を楽しむためだった。江戸時代になると鳴き声を競い合う、「ウズラ合わせ」が武士のあいだで盛んにおこなわれた。鳴くという漢字は、口と鳥とでできていることに注目すべきだろう。日本人は鳥の鳴き方を特別あつかいしていたのだ。

小国の尾羽は秋になると抜け、翌年、新しい尾羽が生える（換羽）。ところが突然変異により換羽しない個体がみつかった。これに気づくのが人の観察力だ。だいじに育てたに違いない。そして土佐（いまの高知県）で尾長鶏（おながどり）がつくられた（図5―2）。雌の尾羽は普通のニワトリと同じで長さも変わらないが、雄の尾羽は伸びつづける。加齢にともなって鈍るものの、年八〇センチメートルから一メートル伸びるとされ、長いものでは一〇メートルを超える。特別につくられた鳥カゴで飼われるなど、今日まで人手をかけることで特徴が維持されてきた。

当時、小国と東天紅に明確な区別があったかは定かでない。ただ、東天紅には比較的尾羽が長く、換羽も二年ごとという特徴があり、尾長鶏の基礎が東天紅にあったとしても不思議はない。

このように東天紅も尾長鶏も遺伝学の知識のない時代に作出された。また、江戸時代初期、日本にシャモ（軍鶏）とチャボ（矮鶏）が伝えられた。ルーツはタイやベトナムにあるといわれるが、シャモが闘鶏用に、チャボが観賞用に改良された。長崎の出島にいたオランダ人がチャボをNagasakiとして海外に紹介したことで、いまでも国外に愛好家が多い。これなどは驚くほどのスピードで改良されたことを物語る事実である。このように日本のニワトリは肉を得る目的でもなく、タマゴを得る目的でもなく、たんなるペットとして飼われた珍しい動物といえる。

もともと日本には虫の音色、小鳥のさえずり（鳴き声）や姿を楽しむ下地があった。はじめに東南アジアで赤色野鶏を飼った人も同じではないだろうか？　これは最初の疑問への答えともなるが、ペットになる性質をもともと備えていたのだ！　したがって見捨てられることもなかった。日本各地に地鶏が残されていることから、タマゴと肉を食べていたことは間違いない。しかしながら飼育の主目的が食用なら、たびたび飢饉に襲われた日本では絶滅していただろう。

ではタマゴはどうだろう？　仏教はタマゴにも命があるとして食用を禁じていたが、問題にせず食べていた人はいただろう。それでも生命のカプセルとしての一面があることで、食べない人の方が多かった。むしろ全く食べられていなかったというのが実態に近いようである。タマゴは二ヵ月程度なら室温においても腐

図５―２　尾長鶏

らず保存に問題なかったが、流通には大消費地、江戸の出現を待たなければならなかった。

タマゴの食用のはじまり

タマゴの食用が一般的になるのは江戸時代からといわれ、江戸でゆで玉子が売られていた。もっとも一個二〇文(二〇〇円相当)、そば一杯が一六文とあるから安くはなかったようだが。江戸時代に出版された『卵百珍』には一〇三種のタマゴ料理のレシピがのっているという。このことから江戸時代になると産卵数の多いニワトリがいたことになる。東天紅や尾長鶏をつくりだした日本人だ、売れるとなれば産卵性に興味が向いたとしても不思議はないだろう。だがこれは、それまでタマゴが目的でなかったことの証でもある。

タマゴ焼きが寿司ネタになったのは江戸時代末期、にぎり寿司の出現と同時期である。高度経済成長期でいわれた「巨人、大鵬、タマゴ焼き」ではないが、当時も美味しい食材として人気が高かった。なかでも料理人が腕をふるった、だし巻きタマゴは美食家に好評だった。勿論、寿司ネタはだし巻き(厚焼き)タマゴだ! 職人の腕前がわかることで、いまでも寿司通の人はタマゴ(玉(ぎょく))を最初に注文するという。ただ本当は増量するために考えられた料理法ともいわれ、タマゴが貴重であったことを知ると納得できるだろう。こんなことが原因でだし巻きタマゴが誕生したようである。

文明開化以降、多くの下級武士は職を失い、明治政府は失業対策の意味合いで農業を勧めることになった。なかには片手間にニワトリを飼い、タマゴを売ることで暮らしの助けとする者がいた。半年もすればタマゴを産み始め、餌は自給でき、飼い方で特別な技術はいらず、手間もかからず、庭先に放しておくだけで現金が得られたからだ。ただ生産地と生産量は限られ、庶民の食卓にタマゴがのるのはマレであった。

明治時代、西洋における養鶏を知った一部の知識人が西洋育ちのニワトリを導入し、希望者にヒナを分け与えている。採卵用もしくは産肉用に改良された種類で、日本のニワトリと異なる特徴を備えていた。なかにはコーチンのように三河種と交配されて三河コーチンがつくられるなど、地鶏の改良に貢献したものもあった。

本格的な改良は大正末期から昭和初期にはじまる。産卵数は飛躍的に多くなり、専用の餌が開発され、養鶏を専業にする農家が多くなると状況は一変、それほど珍しい食材でなくなった。それでも割高であったことは間違いなく、消費拡大は高度経済成長が始まってからで、やはり所得の向上を必要とした。

家禽（かきん）として世界の人々に役立つ動物になるのは二〇世紀に入ってからである。いまでは日本人は平均すると一日あたり鶏肉五〇グラム、タマゴを一個食べている。また、世界で一七〇億羽、日本で三億羽が飼われ、鳥類のなかで最も繁栄した種となっている。

タマゴを受け入れた日本人

一人あたりの年間タマゴ消費量をみると、日本は主要先進国のなかで際立って多い。タマゴは肉を多く食べる国、つまり畜産が盛んな国であまり食べられていないのだ。タマゴ自身に味はなく、不味くはないが美味しくもない。タマゴ料理がメーンになることもなく、つねに脇役である。なぜ日本だけが広く受け入れたのだろう？　この違いを考えることにも意味があるだろう。ここではだし巻きタマゴとタマゴかけご飯（タマゴご飯）からみることにする。

既に述べたことだが、江戸時代、さまざまなタマゴ料理が考え出された。ここで着目することが、タマゴ自身には味がないこと、そのうえ料理にタマゴを入れても本来の味が変わらないことである。また、物理的な性質も考えなければならない。それは加熱によって固まることで、代表がゆで玉子である。ところが、だし汁で四～五倍に薄めても依然として熱凝固性を保っている。ほかの食材ではみられないタマゴに特有の性質で、多様な料理を生むことになった。

受け入れた理由に江戸の街にタマゴが運び込まれたことがある。最初はゆで玉子として売るためだったが、洗わなければ二ヵ月程度は生食（なましょく）が可能である。料理人はいつも手元に置くことができることで利用方法の開発に知恵を絞ったことは間違いないだろう。また、一人につき一個と、利用する上で適当な大きさが求められるようになった。極端に小さくても大きくても使用上で不便が生じるようで、いまでも小さいタマゴ（SSサイズ）と大きいタマゴ（LLサイズ）に人気はない。

江戸でだし巻きタマゴは高級料理であった。勿論、だし汁を加え、加熱によって固まらせてつくる料理である。だしの旨味は非常に繊細で、調理人の技量に大きく左右されるという。ところが本来の旨味はタマゴを加えて加熱しても変わらないのだ。調理人は技量の高さをだし巻きタマゴという固形物にして客に示せたことになる。それまでは吸い物くらいでしか示せなかった。同様に寿司職人であれば旨い厚焼きタマゴにすることに努力しただろう。海が荒れると鮮魚の入手は難しくなるが、その心配はタマゴにないからである。さらに工夫したものが茶わん蒸しで、さまざまな食材を加えることで旨さの幅を広げた。職人魂を刺激するに十分な素材となり、『卵百珍』にみられるように多様なタマゴ料理が考案された。

いずれにおいてもタマゴの特徴が活かされ、タマゴがなければ生まれなかった料理である。高価であったことは間違いないだろうが、そこは財力のある江戸の豪商である。味にうるさい江戸商人が素晴らしい料理に育てたのだった。料理本来の味を変えない性質が多彩な料理に使われる背景となり、微妙な味のわかる日本人だったことが受け入れた素地にあった。

海外で暮らすと日本の食事が懐かしくなる、やはり食習慣との関連でみなければならないだろう。昔からご飯に味噌汁、漬け物、魚が食事の基本であった。また、魚を刺身で食べるように、生で食べる習慣があった。タマゴは無菌であるため、生で食べても食中毒の心配がない。ご飯と相性が良ければ、受け入れることは容易であった。

炊きたてのご飯は美味しい。これにタマゴを入れ、少量の醤油を加えて混ぜるとタマゴご飯になる。手間はかからず、誰にでもできる世界一シンプルな料理で、しかもじつに旨い。食欲がないときでも口に入る。熱々ご飯との相性、これがタマゴを受け入れた最も大きな要因と考えられる。旅館の朝食で生タマゴがだされる。タマゴご飯として食べなかったとしても生タマゴを嫌がる者はごく少数だからである。ご飯が含むタンパク質が少ないことを勘案すると、栄養学的に優れた必須アミノ酸の供給者としてタマゴの役割は大きかったに違いない。栄養不足が解消されると体調は良くなり、無意識のうちに体がタマゴを要求するようになる。野生動物で広く知られた事実で、人を例外とする理由はみあたらない。

ところで平成二五年はじめ、朝日新聞社がタマゴ料理二五種類について「好き」な順をアンケートしたところ、上位からオムライス、タマゴご飯、だし巻き、茶わん蒸し、オムレツ、タマゴ焼き、目玉焼きであった。驚くことにオムライスと目玉焼きはほとんど差がなく、これら上位七品が他とかけ離れて多いのだ。オムライスは洋食の定番メニューだが、じつは日本で誕生している。となると上位にランクされたタマゴ料理は、日本が誕生させ、発展させたといえそうである。

いくつかの理由を述べてきたが、いまでは冷蔵庫の常備品である。安いからだろうか？　安くても好まれなければ意味がない。ときタマゴですき焼きを食べるように、もともと日本人はタマゴが好きだったのだ！　需要のないところに供給はない。日本人の多くが望んだことで需要が生まれたのである。

食料難を救った一個のタマゴ

それにしてもタマゴで忘れられない逸話が二つある。それは敗戦後の日本における食料難を伝えるからである。

敗戦の年は昭和期最大の凶作になり、米の収穫は平年作の三分の二となった。既に台湾と朝鮮半島からの「米の移入」もなくなっていた。さらに外地から軍人・軍属・民間人六六〇〇万人の引き揚げ者が加わり、人口が七八〇〇万人になったのだから深刻な食料難にならない方が不思議である。当時の新聞は配給で暮らして餓死者のあったことを報じている。

食料は配給制であったが遅配・欠配続き、全く頼りにならなかった。米では闇で手に入れようとしても公定価格の九倍にもなり、庶民に手の出せないほどの高値であった。翌年五月には「飯米獲得人民大会（食糧メーデー）」が皇居前広場で開かれ、二五万人が参加したという。同じ年の六月に行われた世論調査では米のご飯を、「ないから食べない」が一五パーセント、「一食だけ食べる」が七一パーセントである。この惨状を救ったのが米国による食料援助であった。

マッカーサーが戦後処理のため連合国軍最高司令官として神奈川県にある（旧）厚木海軍飛行場に降り立ったのは一九四五年（昭和二〇年）八月三〇日である。彼の任務は戦後の混乱を収め、新しく日本の方向をきめること、それに食料難の解決であった。

来日したその日の宿舎は横浜のホテルニューグランドであった。そして翌日の朝食で片目の目玉焼きを食べさせられることになった。それも約束より二時間も遅れてである。なぜ一個の目玉焼きだったのか、また、なぜ二時間も遅れたのか、このことでマッカーサーが何を思ったかはわからない。改めて考えてみると米国では二個のタマゴが基本である。目玉焼きも例外ではない。奇異に思ったことは間違いないだろう。前々から日本の食料難をわかっていたつもりであったが、このことで深刻さを改めて知ることになったという。宿泊は前々からわかっていたことで、ホテルは二個のタマゴを用意できないわけはなかっただろう。真意はわからないが、もしこれが食料難を訴える策略であったとすれば、ホテル側の知恵がマッカーサーを上回ったということだ。

なかでもタンパク質の不足は最も深刻であった。連合国側の反対を押し切って、戦争で途絶えていた捕鯨の再開を許し、また、緊急の食料援助を本国に求めている。それも学童用にこだわりがあった。一部の地域ではあったが、早くも一九四六年（昭和二一年）一二月に学校給食がはじめられている。これらすべてにマッカーサーの意向が反映されていた。このようにして一個のタマゴが日本の食料難を救うきっかけとなったのだった。

学校給食で出されたミルクは脱脂粉乳が原料であった。それも米国では子牛に飲ませるために製造されたもので品質は決して上等とはいえなかった。ただ、不味いとしても栄養的に劣るものではなく、児童の食料難を救った功績は大きかった。あまりにも援助量が多かったため米国の酪農家から「粉ミルクが足りない」と文句がでたが、「日本の小学生のため」としてようやく納得してもらったという。

皇太子明仁（あきひと）（いまの天皇）といえども食料難の被害者として例外ではなかった。疎開先の日光では配給による生活、それも欠配と遅配つづきで満足な食べ物はなかったのだった。いっしょに疎開していた学友と川で魚を捕まえることなどもあったという。欠食がつづき、じつは栄養失調寸前の状態にあったのだった。

その後、敗戦によって日光から小金井市の仮の御所に移られた。皇居にあった住まいは空襲で焼けてなくなっていたのだ。しばらくしてニワトリを飼いたいといわれる。しかし、ヒナの入手自体が難しかった。そのため周りはタマゴを孵化させることを考えた。孵卵器を借りるつもりで立川にあった農事試験場に相談すると、何と一〇羽のヒナを分けてくれたのだ！　皇太子は手のひらにのせてかわいがり、姿は喜びにあふれていたという。

鶏小屋は粗末な材料を使った手作りであった。餌の入手は困難をきわめたが、それでも一〇羽ともタマゴを産むまでに育った。毎朝、登校前に皇太子は鶏小屋にタマゴをとりにいくことを日課にされた。「とても楽しそうであった」と『天皇明仁の昭和史』（高杉善治、ワック）は述べている。

皇太子には何の不自由もなかったはずだと思っていたのだが、誤解であったことをタマゴが教えてくれた。このような体験がいまの人柄にも影響しているのではないかと想像する。

第6章　タマゴを産むニワトリ、肉をつくるニワトリ

子育てを忘れたニワトリ

採卵鶏はタマゴを生産する目的で飼われる種類で、多くはヨーロッパ地中海沿岸にいた白色レグホンが祖先である（これの祖先は赤色野鶏）。どのようにしてタマゴを多く産むようになったのだろう？

鳥類は巣のなかでタマゴを温めてヒナにする（抱卵）。就巣性本能に基づく行動である。野鶏では産卵季節は限られ、抱卵するタマゴも一〇個以下である。この理由は単純明快で、ヒナが育つ最適な時期に産卵し、最少の個数を温めることが理にかなっているからである。生物はムダなことはしない。しかし人はいつでもタマゴを手にしたいと思っていた。この願望がタマゴを多く産むニワトリに改良する動機になったことは間違いないだろう。

ところが飼ったことで奇妙な習性に気づいた。それは抱卵を始める前にタマゴを巣から一個取り去ると新たに一個産むことだ（補卵性）。ニワトリは五個程度までは数えるようで、五個を四

個にすると一個産むが、五個以上だと一個とっても産まない。抱卵を始めるときのタマゴの数はほぼ一定していることから盗みを繰りかえすと多くタマゴを産むことになる。この盗んだタマゴを食べればよいのだ！　ほとんどは途中で気づき産卵を中止するが、なかにはノンビリした個体もいたようだ。このような個体を選抜すれば、最後には相当数のタマゴを産むことになる。この繰りかえしで産卵能力を高めた。それでも長いあいだ一羽の産卵数は年四〇～五〇個だった。

採卵鶏の輸入は明治に入ってからで、日本でも昭和初期まで五〇個程度だった。それが国の方針で産卵性が改良され、戦後しばらくすると年間の産卵数は一〇〇～一二〇個程度になった。だがもっと多くタマゴを得たいという欲求があった。いまは年間二八〇個程度産卵するが、ここにいたるには越えなければならない、高いハードルがあった。その代表が就巣性と短日性、最後が餌の栄養である。

就巣性とは、ある一定の個数になると抱卵を始める習性をいい、鳥類では当たりまえの本能である。例外は他の鳥の巣にタマゴを産み、自分で抱卵しないカッコウくらいだろう。托卵（たくらん）できるのは、鳥類は抱卵に入るとタマゴの個数を数えることや、大小を区別することもないからだろう。多くの場合、大きなカッコウのタマゴが一個加わっても気づかない。

かつてはニワトリの産卵場所（野鳥の巣に相当）に偽卵（ぎらん）が一個置かれていた。偽卵が産卵を促すのだろう。抱卵までに一定数のタマゴにする習性を利用していたのだ。反面、抱卵をはじめると産卵をやめ、卵巣の機能も急速に低下する。これはタマゴを得る側からすると望ましくない性質である。では就巣性をなくさせる試みは古くからおこなわれていたのだろうか？

じつはたった半世紀前に始められた比較的新しい技術なのだ。鳥には抱卵本能がある。これをなくさせようとするとヒナが孵らなくなる。そのためニワトリが抱卵しなくてもヒナを孵せる孵卵器の登場を待たなければならなかった。西洋では一九世紀末に製作が試みられたが、二〇世紀中頃、温度を正確に一定に保つことができる電気孵卵器が出現した。温度を一定にできただけでなく、湿度の維持や転卵に必要な装置を備えていた。これが実用化されたことで就巣性を完全になくさせてもヒナを孵すうえで何も支障ないことがわかった。

また、就巣性にホルモンの関与が考えられるようになった。ある研究者が、抱卵を開始すると急激に増加するホルモンを見つけたことによる。それが下垂体から分泌されるプロラクチンだった。一方、抱卵していない時期ではプロラクチンはすくないが、これを注射すると抱卵を始める。就巣性はプロラクチンの支配下にあり、これがすくないニワトリは抱卵行動をしないとわかった。

勿論、就巣性をプロラクチンのみで説明することは不可能で、異なる種類の遺伝子の関与は疑いないだろう。それを示唆する実験結果が存在する。

ニワトリのなかで、プロラクチンを投与しても就巣行動を示さないタイプがいる。なぜだろう？　プロラクチンが卵巣に作用するためには結合する部位（プロラクチン受容体）が存在しなければならないが、それがきわめてすくないのだ。これでは大量にプロラクチンが放出されても作用できない。その結果、就巣本能もあらわれない。就巣本能を引き起こすには十分なプロラクチンに加え、卵巣にプロラクチン受容体が多数存在することが条件である。最低、片一方を取り除くと就巣性は完全になくなる。

遺伝学からすると就巣性は劣性、それも少数の遺伝子しか関与していないことになる。もし多数の遺伝子が関与するのであれば、この本能をなくさせることは容易ではない。ここで感心させられることは就巣性をなくすことに執念を燃やした人がいたことである。恐らく注意深く就巣行動を観察したことだろう、その執念がなければ就巣性をなくさせることなどできなかっただろう。

その結果、いまの採卵鶏は就巣本能をなくしたタマゴ生産機械になった。タマゴに関心をむけるニワトリはいなくなり、目の前で盗んでも抵抗しない。それにしても体重二キログラム程度のニワトリがタマゴを産み始めてから一年間で一七～二〇キログラム（二八〇個前後）を生産するとは驚きである。

鳥類ではプロラクチンが母性本能を刺激することで抱卵や子育てに関係することは間違いない。プロラクチンとプロラクチン受容体の少ないニワトリにすることで就巣性をなくさせることができた。それにしても鳥類においてプロラクチンは役割のハッキリしないことも多い。唯一の例外はハトくらいだろう。胃（嗉嚢（そのう））の粘膜からでるミルク様の物質（嗉嚢乳）をヒナに与えて子育てするが、それがプロラクチンによるのだ。ヒナがいない時期でもプロラクチンを投与すると胃粘膜が肥厚し、嗉嚢乳がつくられる。女性で胸の出っ張りがちいさいとハト胸といわれる。ハトに乳房はないが、育雛（いくすう）中、胸部が膨らむことに気づいたからのようだ。

もう一つだいじな性質がある。ニワトリは昼間の時間が短くなると産卵をやめる性質である（短日性）。この解決はやさしかった、明るい時間を長くすればよいからで、秋になると電灯をともすことをはじめた。いまでは鶏舎内の明るい時間を年中一日一四〜一六時間程度にしている。これも電気と電灯が利用可能になってからで歴史は浅い。

毎日はタマゴを産めない

ところで「毎日タマゴを産むニワトリにできないか」と質問されると、「三六五個は不可能だが、三三〇個なら可能だ」と答えることにしている。なぜならタマゴが完成するのに二四〜二五時間かかるからだ。年三六五個産むには二四時間以下でなければならず、一日一個は不可能なのだ。世間には年間三六五個のタマゴを産んだとするニワトリが記録されているが、実際調べると大半が真実ではないという。これまで三三〇個程度なら確かに実在した。それにしてもウズラでは毎日一個のタマゴを産む個体がいるように、キジの仲間は潜在的に高い産卵能力を備えているようである。それを引き出したのが人の知恵だが。

ところで三三〇個産んでも商品価値がなければ無意味である。タマゴができる過程で最も時間がかかるのが卵殻形成である。産卵数で選抜（品種改良）すると卵殻を薄くすることで産卵間隔を短くし、時には卵殻のないタマゴ（軟卵）を産む。これが品種改良するうえで悩みだった。卵殻の薄いタマゴは消費者に届くまでに割れる割合が高く、破卵は不衛生をもたらし、ムダそのものである。このことから年間の産卵数は二八〇個程度が最適ということになり、人間側が妥協する以外になかった。また、産卵数で選抜すると産卵開始時期が早くなる。いまは孵化後五ヵ月だが、かつては六ヵ月を産卵開始の目処とした。産み始めのタマゴは小さく、価格も安いが、一ヵ月早めることで餌をムダに与えるより収益性が高いと判断された。

産卵間隔は約二五時間、産卵時間が前日より一時間遅れる。産卵は早朝から午後のおそい時間までで、それ以降は産卵しない。夜になると見えなくなることを鳥目というが、ビタミンAが欠乏すれば人でも鳥目になる。ニワトリは鳥目であり、夜は眠る時間としてきた。したがって夜間にはタマゴを産まない。

鶏舎では一四時間点灯、一〇時間消灯が一般的におこなわれている。これより点灯時間をながくしても顕著な効果がみられないことから、一〇時間程度の睡眠を必要とするようである。午後おそく産卵すると次の日は産卵中止、その翌日の早朝に産卵する。このように数日産卵を続け、一日休むことを繰りかえす。この連産日数が産卵性を左右する重要な指標になっている。年間の産卵数二八〇個、そのうえ全部が頑丈なタマゴとなればニワトリの生理にかなった産卵個数ということである。

野鶏の産卵数は他の野鳥と大差なかった。なぜニワトリは年二八〇個ものタマゴを産むのだろう？　人が就巣性をなくさせたことで産卵を停止させる機構が働かないためである。子孫の継続のための産卵と異なり、いまのニワトリは交尾の有無や繁殖季節に関係なく産卵をつづける。すこしでも就巣性が残っていたら年二八〇個は不可能である。

産卵数には餌が関係し、多くタマゴを産むほどバランスのとれた栄養が必要である。タンパク質は体の維持に一日七～八グラムが必要であり、タマゴ一個のタンパク質は約七グラム、生産にこの倍が必要であり、合計すると二一グラムにもなる。人での必要量は体重一キログラムあたり一・〇～一・二グラムとされるが、ニワトリでは約一〇グラムにもなる。いまのニワトリにタンパク質を多く与えても産卵数は増えないが、不足するとたちまち減る。低品質・低栄養の餌を与えて産卵数を増やすことなどは不可能である。徹底的にニワトリの栄養生理が研究され、すべての栄養素で過不足のない餌になっている。

ここでニワトリ用の餌を見てみよう。養鶏では配合飼料が使われており、主原料はトウモロコシとマイロ（トウモロコシに近い穀物）で、これに油かす（菜種や大豆など）、魚粉、肉骨粉、米ぬか、動物性油脂などを加えてつくられる。産卵鶏には比較的大量の炭酸カルシウムとリン酸カルシウムが欠かせず、タンパク質がカロリーの二・五割以上を占めるなど含有量の高いことが特徴になっている。トウモロコシといっても食用にするスイートコーンと別種のデントコーンやフリントコーンなどで、多収穫を目的に品種改良された種類である。餌を丸呑みするニワトリに味覚はない。配合飼料の原料で人が食用にするものは一つもなく、このことからニワトリは人が食べられない資源をタマゴと鶏肉に変えてくれる動物ともいえる。

餌の種類では粒の大小を変えて幼雛（すう）、中雛、大雛用などと発育時期で使い分けされ、産卵中でも栄養価を変えて前期と後期で使い分けされている。また、寒い時期と暑い時期でも配合割合が変えられる。すでに限界近くまで用途別に高品質化され、さらなる向上は難しいほどだ。栄養バランスが最適化されたことで優れた能力を発揮している。配合飼料購入価格は一トンあたり五万円台、成鶏は一日約一〇〇グラムを食べることで餌代は五〜六円となる。安さの秘密は、原料が廃物に近く安価で入手できることである。

ただ一〇万羽の養鶏場であれば餌の消費量は一日一〇トンともなり、この供給が保障されなければ養鶏業は成立しない。養鶏用に限っても日本での餌の消費量は年間一〇〇〇万トン、すべての家畜用を合計すると年二四〇〇万トンにもなる。配合飼料の原料の九割以上は外国産、これを安心といえるだろうか？　これは本書の目的と異なるので皆さんへの宿題とする。参考までに日本における食用米の年間消費量を示すと約八〇〇万トンである。

いまのところ産卵数においては人間の執念もここまでだ。このようにして産卵に専念するニワトリとなったが、さらなる工夫がされた。それが経済性の追求で、可能にしたのが雑種強勢の技術である。

白色レグホンがタマゴ生産の主役

代表的な採卵鶏が白色レグホンで食用タマゴの九割以上を生産する。最新の養鶏場では巨大な無窓鶏舎が使われ、内部の照明時間は調節され、常に強制換気され、給餌と給水は自動化、タマゴはベルトコンベヤーで運ばれる。外からニワトリは見えず、悪臭もせず、存在さえ感じさせない。目にできるのは出入りするトラックのみである。原料（餌）の搬入と製品（タマゴ）の出荷、この光景を目にすると、タマゴは工場でつくられると錯覚するほどである。じつは一〇〇万羽規模という世界最大級の養鶏場は日本にある。

ところで採卵鶏は狭いケージ内で暮らし、太陽を見ることもできないが、不思議なことに放し飼い（平飼い）で飼うより産卵数が多いのだ。順調に産卵する姿を見ると「ケージ内は想像するより快適なのでは」と思えるほどだ。他のニワトリに邪魔されずに餌を食べ水が飲め、そして安心して眠れる。考えてみるとケージ内では生命の基本になることが保障されている。このように飼育方法を改良することで産卵数を多くすることに成功した。動物福祉団体はケージ飼いを問題視するが、人とニワトリでは感じ方にちがいがあるようだ。

図6―1に過去五〇年間における鶏卵卸売価格の推移を示した。価格変動は小さく、安値を保ってきたことでタマゴは物価の優等生といわれる。この間の物価上昇分を考えると驚くべきことだろう。戦後しばらく、タマゴ一個は一〇円で、牛乳一合や豆腐一丁と同じだった。いまはどうだろう？　比べてみるとよい。これを実現させているのが品種改良された白色レグホンである。それではどのような特徴を備えているのだろう？　どうして可能となったのだろう？

半世紀前とくらべ一羽あたりの年間産卵数の増加は四〇個程度である。卵価を安く維持できた理由は他にある。低価格で飼料を確保できたことは大きな要因である。さらに餌の利用性が高まり、タマゴ一キログラムを生産するのに飼料三キログラム、いまは二・二～二・三キログラムだ。ニワトリが小食になったのか？　そうではなく、餌の栄養価が高くなったからである。いまは同じ量の餌で多くタマゴが産まれる。

さらに、途中で死ぬニワトリはすくなく、生存率の改善で大半が最後までタマゴを産む。途中で死んだら経営上、大赤字は必至だ！　タマゴを産むまでの五ヵ月間の餌代が回収できないからだ。いまの採卵鶏は群すべてが同じ時期にタマゴを産み始め、同じ量の餌を食べ、卵重において

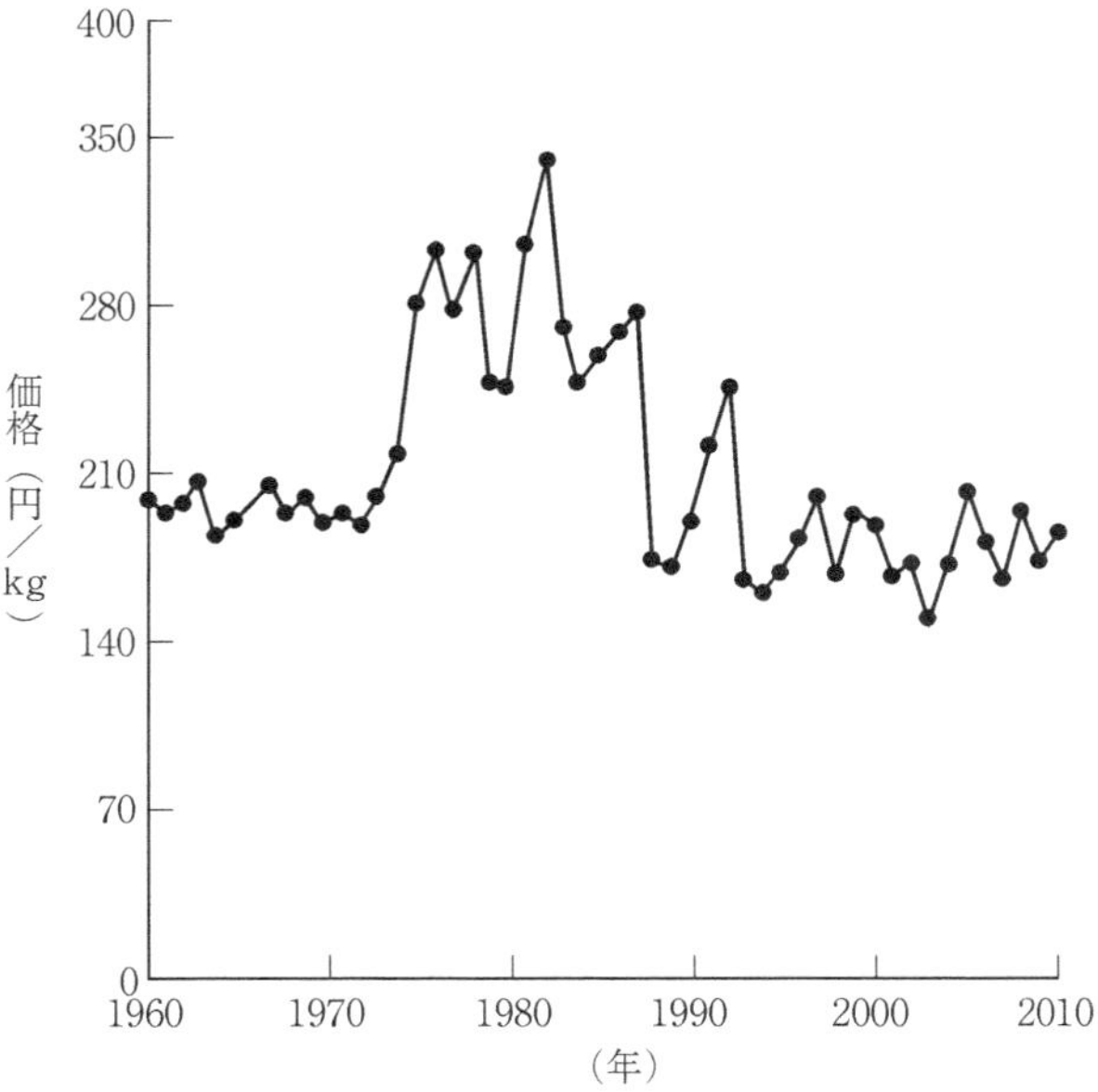
400
350
280
210
140
70
0
価格（円／kg）
1960
1970
1980
1990
2000
2010
（年）

図６―１　鶏卵卸売価格の推移

も差がない。そして全羽が同じ時期に淘汰される。かつては全羽そろって最後までタマゴを産むことはなかった。その最大の理由は病気の発生にあったのだが、これを防ぐワクチン接種の効果は絶大だった。養鶏業は一万羽単位から一〇万羽単位になり、大規模化・オートメーション化によって一人で管理できる羽数は五～六倍に増加した。人件費の削減と飼料の大量購入によるコスト低減は見逃せず、養鶏場の大規模化は避けられなかった。

これらはじつは雑種によるところが大きい。採卵鶏は同じ品種

（白色レグホン同士）を交配させた雑種である（品種内交雑）。これを雑種というのも妙なことだが、両者で遺伝的な違いがあることで雑種に含めることができる。雑種強勢とは「雑種は強く、優れていること」を意味するが、必ずしも雑種が優れているわけではない。雑種に優れた能力を発揮させるには、それなりの工夫が必要だからである。

交配図を見よう（図6―2）。最初に兄弟交配（近親交配）によって遺伝的に似通った系統（純系）がつくられる。図の系統A、B、C、Dがこれに該当し（原種）、それぞれの系統は早熟性、産卵性、抗病性、餌の利用性などのいずれかに優れた遺伝的特徴を備えている。これらを交配してABとCDが生まれる（生産鶏）。これは雑種一世代（F1）である。これらを掛け合わせて最後にABCDが生まれる（実用鶏）。これは雑種二世代（F2）で市場にタマゴを供給する。この交配様式を四元交配といい、系統A、B、C、Dにあった特徴をABCDがすべて受け継ぐことで優れた産卵鶏となる。では、どのような産卵鶏が望ましいのだろう？

産卵性では群として確実に一羽が二八〇個程度を産むことを理想としている。とてつもなく優れた個体がいても、極端に劣る個体が紛れていたら経営上のマイナスになるからだ。先に述べた早熟性、産卵性、抗病性、餌の利用性などすべてに優れていることが求められている。それも個体としてではなく、群の全羽が備えていることである。このことを群の斉一性（均質性）といい、雑種強勢が最も得意とすることだ。いまの産卵鶏は優れた特徴を兼ね備え、人がつくった超エリートである。

寿命は一〇年を超えるなど意外なほど長命だが、天寿を全うするニワトリは一羽もいない。採卵鶏は孵化後五ヵ月前後するとタマゴを産み始め、七ヵ月ころに産卵のピークをむかえ、ほぼすべてが毎日タマゴを産む。産卵率でいえば九〇パーセント以上、一〇〇羽で一日九〇個以上のタマゴを産むということだ。

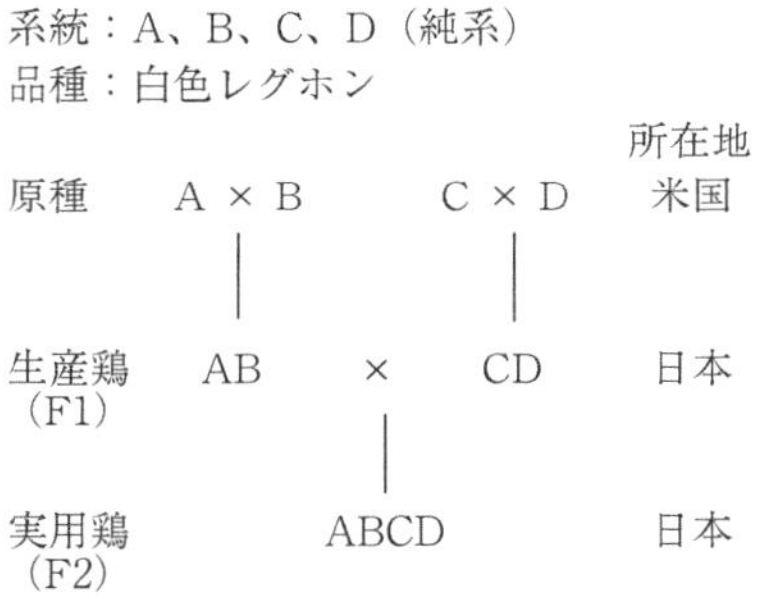
系統：A、B、C、D（純系）
品種：白色レグホン
所在地
原種
A × B
C × D
米国
生産鶏（F1）
AB
×
CD
日本
実用鶏（F2）
ABCD
日本

図6―2　4元交配による産卵鶏の作出　実用鶏（ABCD）は祖父母（A、B、C、D）の優れた特徴をすべて受け継ぐ。

ただ小さかったタマゴも次第に大きくなり、カルシウムの供給が追いつかないことで卵殻の薄いタマゴとなる。孵化後一年半になると産卵数もすくなくなり、産卵率でいえば六五～七〇パーセントになる。タマゴは割れやすくて市場価値は下がり、産卵数の低下が加わって収益性を悪化させ、経営上、お払い箱になっても仕方がない状態になる。これが採卵鶏の平均的産卵パターンである。産卵生理の根幹にかかわることは人の知恵をもってしても変えられないことがある。そこでつぎの工夫がされた。

産卵期間を長引かせる方法が強制換羽である。卵価が下がる初冬におこなうことが一般的で、一二日ほど絶食させる。産卵は停止、体重は二〜三割減り、一部の羽毛は抜け落ちる。残酷なようだがこれが若返り法である。絶食期を終えると約一〇日かけてもとの餌の量に戻す。そうすると再び産卵に励むニワトリになり、産卵率でいえば約一〇パーセント高まる。タマゴのサイズは小さくなり、卵殻は厚くなる。このとき照明も大切で、換羽は短日の条件でおこない、絶食終了後は春が来たと思わせるため照明時間を一日あたり三〇分程度延長させ、最終的に一四時間程度にする。日本では七〜八割の産卵鶏で強制換羽がおこなわれる。

これらは注意深く観察することで気づいたのだろうが、人の驚くべき知恵といえる。換羽は自然状態でも秋口に見られることで一概に残酷ともいえないが、それでも問題視する声があり、絶食によらないで換羽させる方法が開発された。強制換羽を数回繰りかえすこともあるが、二年を超えて生きられる産卵鶏はごく少数だ。なお産卵の役目を終えると廃鶏となるが、一般に食用肉として市場にでることはない。大半の養分がタマゴになったことで肉量は少なく、肉質が劣るからである。

ここで述べてきたことを別の面から見ると、すべて生産費を低くすることに関係することである。

肉の部位		タンパク質	脂肪	水分
むね（皮つき）	成鶏	19.5	17.2	62.6
	若鶏（ブロイラー）	19.5	11.6	68.0
もも（皮つき）	成鶏	17.3	19.1	62.9
	若鶏（ブロイラー）	16.2	14.0	69.0

表6—1　成鶏肉と若鶏肉でのタンパク質と脂肪（単位：%）

ブロイラーは超高性能肉用ニワトリ

米国でニワトリは羽毛と内臓を除いた状態で一羽を単位として売られ、家庭ではオーブンで丸焼きにして食べていた。そのため食鳥業界はロースター（roaster、一・六キログラム以上）、フライヤー（fryer、一・一〜一・六キログラム）、ブロイラー（broiler、一・一キログラム以下）と肉量で分けていた。第二次世界大戦中、牛肉と豚肉が極度に不足し、鶏肉で需要を満たさなければならなかった。このとき短期間で成長することでコーニッシュやプリマスロックなどの雑種がブロイラーとなった。これらの品種の特徴はあとで述べる。名前は取引規格に由来し、肉用若鶏をブロイラーといった。若いことで脂肪の少ない肉であった（表6—1）。

フライドチキンの発明も大きかった。かつて米国で裕福な人は手羽を食べなかった。オーブンであぶるとき邪魔であり、ナイフとフォークで食べにくいからで、アフリカ系の人々の食べ物となっていた。ところがフライドチキンにして売る人がでてきた。手でもって食べることができ、安価で手軽に満腹感が得られることで低所得者と肉体労働者、青少年を中心に普及した。つぎに米国では肥満が社会問題化し、脂肪の取りすぎが問題となった。脂肪のすくなさからブロイラーが見直され、急速にひろまった。このようなことがあって米国は鶏肉の生産量、消費量とも世界一で、一人あたり年間四五キログラムにもなる。ちなみに日本は一一キログラム程度である。

かつて日本で鶏肉はおもに水炊きなどにいれていた。地鶏は成長が遅いことで出荷できるまで半年、そのため脂肪が多かったのだ。愛好家から、「いまの鶏肉はコクがない」といわれるのももっともである。旨味は脂肪と密接な関係があるからだ。ただ、生産費は割高なため、頻繁に食卓に上ることはなかった。鶏肉とはいえ、依然としてごちそうであった。これを変えたのがブロイラーであった。

図6―3は高度経済成長期以降の鶏肉の一人あたりの年間消費量の推移である。急速に増える消費をまかなった鶏肉の大部分がブロイラーで、養鶏業界は需要の増加に応えて市場に供給した。これが低価格にもつながった。また、一九八五年に英国でＢＳＥが発生するとＥＵで牛肉離れが顕著になり、代わりに鶏肉の消費が増えた。このようにブロイラーは安心・安全、健康によいというふれこみでひろまった。

その後ブロイラーは品種改良され、鶏肉生産に特化した配合飼料が与えられることになった。

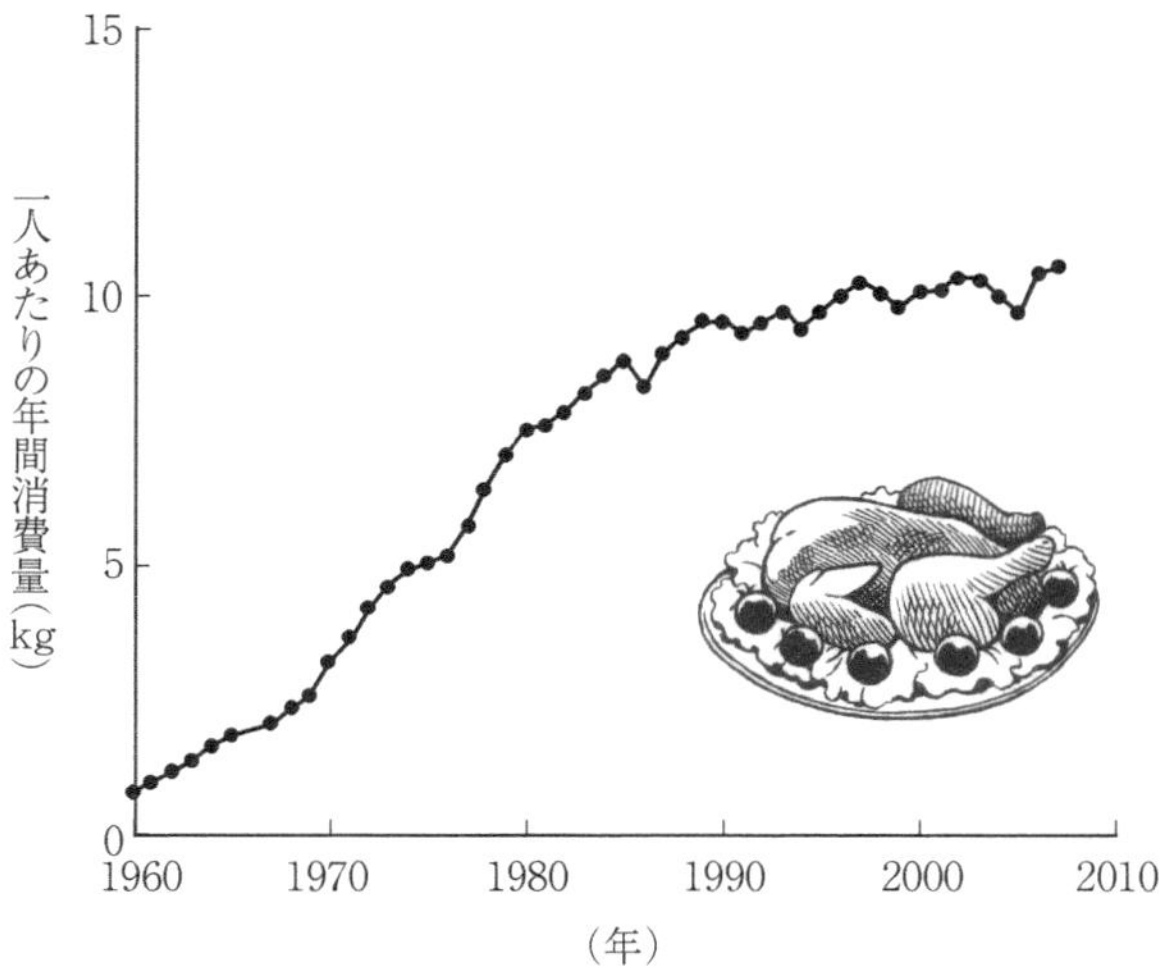
15
10
5
0
一人あたりの年間消費量（kg）
1960
1970
1980
1990
2000
2010
（年）

図6―3　鶏肉消費の推移（1人あたり年間）

驚くことに孵化後四〇日を過ぎたころから一日で体重が一〇〇グラムも増え、五一～五五日で二・五～三キログラムと出荷可能になる。これより長く飼育したら体重は増えるだろうか？　増えることは増えるが、増え方がゆっくりになる。二ヵ月までに大部分の成長が終わるようにしたからである。

これは生産者にとって大きなメリットがあった。かつては三～五ヵ月後の出荷だったが、半分の期間になったことで出荷量が倍になったのだ。また、餌もすくなくなったことで大きな経済効果をもたらした。鶏肉一キログラムの生産に必要だった餌三キログラムが、二・二キログラムになったのだ。ただブロイラーにとっては不幸なようで、あまりにも成長が急速なことで脚の発達が追いつかないのだ。映画「フードインク（Food, Inc.）」では、出荷するころになると立てないブロイラーがスクリーンにあらわれてビックリさせられた。

ブロイラーで羽色が白色であることは重要であった。皮付きで売られるため皮膚が肌色（黄色か白色）でないと見た目が悪いからである。交配によって皮膚の色を変えることは難しいことではない。コーニッシュでは羽毛の色が本来の赤色から白色に、プリマスロックでは本来の黄斑(おうはん)から白色にされ、皮膚は美しい肌色となった。人間側の身勝手な話だ。

タマゴか肉かは体重で決まる

ブロイラーに求められるのは、多くの肉が得られ、そのうえ安く生産できることだ。ところで産肉性は産卵性と相反する性質があり、産肉能力が高いと産卵能力が低いことが一般的である。白色レグホンなどでは雌の体重は二キログラムあまり、栄養が肉に向かわずタマゴに向かう。

白色コーニッシュは肉専用種で産肉能力が高く、成長速度は現存する品種のなかで一番である。産卵数は年間一〇〇〜一二〇個程度、成体重は雄五・五キログラム、雌四キログラムとなっている。当然、餌の消費が多く、タマゴの生産は割高となる。一方、白色プリマスロックは卵肉兼用種で肉の生産性が高く、産卵数も多い。産卵数は年間一八〇〜二二〇個、成体重は雄で四・三キログラム、雌で三・六キログラムである。タマゴの単価は白色コーニッシュより安く、多くのヒナが得られる。なお卵用種に改良され白色プリマスロックでは白色レグホンに近い産卵数となる。赤いタマゴがそれのタマゴで、国によっては売り場で白いタマゴより多いほどである。産卵用に品種改良すると雌の体重は二キログラム程度になり、白色レグホンと同じくらいになる。同一の品種でも体重によってタマゴと肉の生産とのあいだで相反する性質がある。

図6―4にブロイラー生産で使われる交配様式を示したが、基本的なやり方は採卵鶏の場合と同じ四元交配が採用されている。ブロイラー用のヒナを生産するため白色コーニッシュの雄と白色プリマスロックの雌を交配することになる。雌一〇羽に対し雄一羽の割合の集団がつくられる（生産鶏）。白色コーニッシュでは雄のみが必要なため羽数がすくなく、タマゴの生産費は割高でも影響は小さい。だが圧倒的に多く求められるのが雌で、白色プリマスロックの産卵数の多さと生産費の安さが有利性を発揮する。このような品種間交雑がおこなわれる理由は、雑種強勢に加え、両品種にある特徴を最大限活用で

系統：A、B、C、D（純系）
品種：コーニッシュ　プリマスロック
原種　A × B　　C × D
生産鶏（F1）　AB（♂）　×　CD（♀）
（品種間交雑）
実用鶏（F2）　ABCD

図6―4　4元交配によるブロイラーの作出

きるからである。

危険と隣り合わせの現代養鶏

家畜伝染病予防法でニワトリが関係する法定伝染病として、家禽サルモネラ感染症、家禽コレラ、高病原性トリインフルエンザ（家禽ペスト）、ニューカッスル病がある。いずれも伝染力が非常に強く、拡大阻止が困難な病気である。人も物も大量に速く移動する時代で、発生すると短期間で世界中に広まる可能性が常にある。さらに大規模養鶏が一般的となったことで、病気発生で甚大な被害が予想される。以下は供給者が世界で少数となったことで予想される危険性であり、トリインフルエンザを例に考えてみた。

これまで日本で発生した高病原性トリインフルエンザはシベリアからの渡り鳥が原因ウイルスを国内に運んだためとされている。事実、発生時期をみると世界でも渡り鳥の飛行ルートにそって広がり、シベリアから東欧、西欧、南欧、中東、アフリカへ伝わったことがわかる。また、シベリアから中国、東南アジア、韓国、日本へと伝わっていた。

一方、シベリアからの渡り鳥がすくない北米と南米では全く発生しなかった。だが北米と南米を行き来する渡り鳥がおり、同様な危険性が存在することにちがいはなく、かつては北米でも発生していた。渡り鳥のなかにはインフルエンザウイルスに感染していても発病しない種類があるから発見は容易ではない。

死んだ野鳥から原因ウイルスが見つかっている。渡り鳥が日本に運んだことは疑いのない事実としても、厄介なのは渡り鳥と鶏舎をつなぐ接点が見つからないことである。スズメやカラス、ハトなどが疑われたが決定的な証拠はないといわれる。空気感染であればお手上げである。鳥類に感染するウイルスは哺乳類に感染しにくく、人やネズミなどは感染媒体になりにくい。ただ資材や衣服などに付着して侵入する可能性があり、鶏舎に入るとき消毒による予防策がとられている。つまり的確な予防方法がないということである。

インフルエンザ対策といえば予防ワクチン接種を思いうかべる。ところがワクチンは特定のウイルスに効果があるもので、同じトリインフルエンザウイルスであってもタイプが違うと何の効果も期待できないのだ。二〇〇三年以降、しばしば流行する高病原性Ｈ５Ｎ１型トリインフルエンザウイルスに有効なワクチンはない。ワクチン開発は変異の速いウイルスにうまく対応できず、リレンザやタミフルなどの抗ウイルス薬はニワトリで使われることはない。勿論、ウイルスに効果のある抗生物質は存在しない。人で新型ウイルスの出現を恐れる理由も既存のワクチンが無効で予防接種は無意味、免疫がないことで多数の死者が予想されるからである。

トリインフルエンザウイルスにはＨ５Ｎ１型のように感染力が強く、致死性の高い種類がある。このような高病原性ウイルスの場合感染鶏が見つかると、その養鶏場、ときには周囲の養鶏場のニワトリすべてを殺処分しなければ感染拡大をくいとめられない。また、強毒性でなくても感染鶏の生産性を低下させる種類であれば経済的損失につながり、同様に殺処分がおこなわれる。二〇〇五年、茨城県で五六八万羽、二〇一一年、宮崎県で一〇〇万羽が処分された。世界最大のツルの越冬地は宮崎県のとなり鹿児島県出水（いずみ）平野である。ここに伝染するとツルが全滅することを関係者は恐れた。

つぎの事例はニワトリではないが、二〇一〇年、宮崎県で発生した口蹄疫（家畜法定伝染病）で牛と豚あわせて二九万頭を殺処分、対策の遅れた韓国では三四八万頭にのぼった。なおトリインフルエンザウイルスが人に感染することはマレである。むしろゼロに近い。そのうえ七〇度Cで一分の加熱でウイルスは死滅し、調理したトリ肉料理であれば全く心配はいらない。そもそもタマゴにウイルスは存在しない。

細菌では抗生物質の出現で人間側が勝利したかにみえた。だが、それも一時（いっとき）だった。細菌が抗生物質耐性を獲得すると新薬の開発にせまられ、いまではすべての抗生物質が効かない細菌さえ存在する（多剤耐性菌）。ワクチンの開発でもウイルスとの闘いで人間側は常に劣勢に立たされ、これからも劣勢であることは変わらないだろう。新型ウイルスの出現を予測できず、実際に発生しても殺処分以外に対処法がないのだから。

経済性と合理性を追求した結果、養鶏業は数十万羽規模となり、一方でニワトリの原種を所有する主要な企業は北米と西欧に局在する。いずれも危険といえば危険な話だ。業界の最大関心事は、世界における病気の発生状況の把握、侵入阻止、そして発生防止につきるといっても過言ではない。輸出国で法定伝染病が発生すれば、ただちに日本は輸入禁止措置をとる。食用タマゴと鶏肉生産の基本となる種卵（孵化させると生産鶏）のほぼすべてが米国産で、輸入禁止となれば日本から産卵鶏もブロイラーも数年でいなくなる。なぜなら、日本にいる雑種を交配してもその子に経済的価値は全くないからである。また、消費量の三割を占める輸入鶏肉の大半がブラジル産である。

第7章　タマゴを科学する

タマゴの完成まで一〇日間

卵巣の役割は胚と卵黄をつくること、卵管と子宮の役目は卵白と卵殻膜、卵殻をつくることである。ゆで玉子では殻を割り、白身を除くと黄身があらわれる。これはタマゴがつくられる逆の順序である。つまり最初に中心部分ができ、最後が卵殻づくりということになる。図7―1にタマゴの構造を示したが、ゆで玉子から想像するより複雑である。ここではタマゴがつくられる過程と構造を関連させて述べることにする。

卵巣は鳥類で一つ、哺乳類では二つある。性成熟すると卵巣は活動を開始し産卵を始める。白色レグホンでは孵化後四ヵ月ごろに産卵する個体があらわれ、五ヵ月ごろ半数が産卵する（産卵開始日）。卵巣は卵黄の中心部を最初につくる、つまり卵黄の真ん中は胚（卵子）ということになる。卵黄は日々大きくなり、十分な大きさになるまで八日から九日かかる。ゆで玉子の黄身を見てもわかりにくいが、化学的に調べると八～九層からなっている。一日に一層ということだ。

ヒナのエネルギー源は脂肪である。大量に用意しなければならないが、卵巣自身は脂肪をつくれない。ではどうするか？　肝臓でつくられた脂肪を使うのだ！　ただ困ったことは脂肪が血液に溶けず、卵巣まで運ぶ道具を同時に用意しなければならないことである。その運び役がビテリンなどのリンタンパク質で、脂肪はこれに結合することで水溶性となって運ばれる。

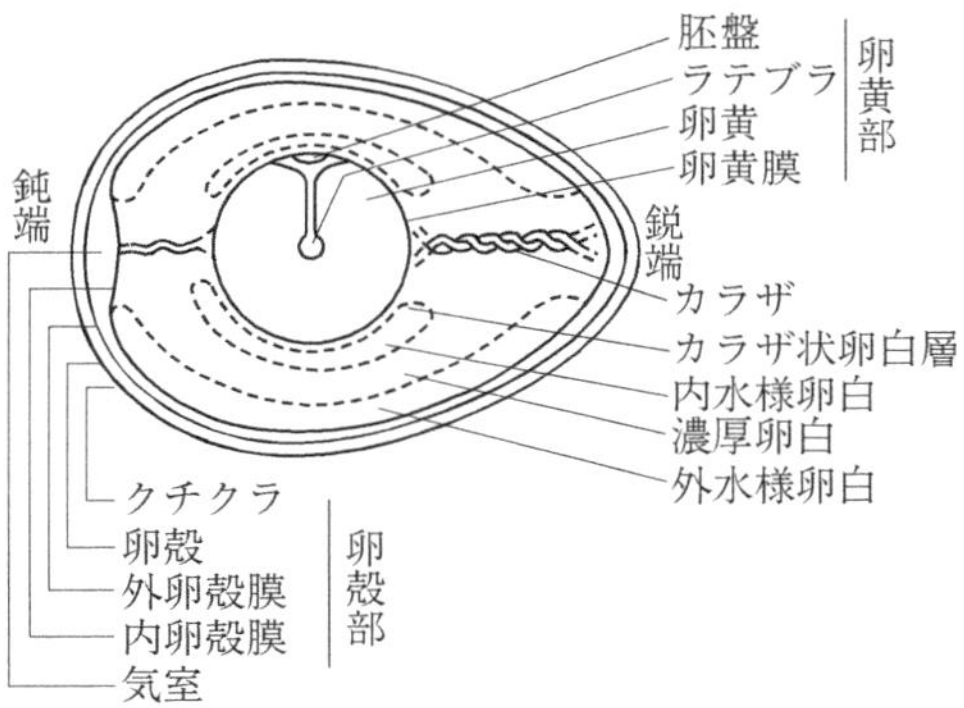
胚盤
ラテブラ
卵黄
卵黄膜
卵黄部
鈍端
鋭端
カラザ
カラザ状卵白層
内水様卵白
濃厚卵白
外水様卵白
卵白部
クチクラ
卵殻
外卵殻膜
内卵殻膜
気室
卵殻部

図７―１　タマゴの構造

卵巣は卵胞刺激ホルモンが作用すると女性ホルモン（エストロゲン）を分泌する（図７―２）。不思議なことにエストロゲンの作用をうけると肝臓は卵黄物質（脂肪とビテリンなど）をつくり、一方、卵巣は卵黄物質を卵黄に貯め込む。先に、抱卵をはじめると血液中でプロラクチンが多くなると述べたが、エストロゲンはどうだろう？　とてもすくなくなる。これでは卵黄物質をつくれず、卵黄に貯めることもできないわけだ。そして発育過程にある卵黄から卵黄物質が再吸収によって消えてしまう。

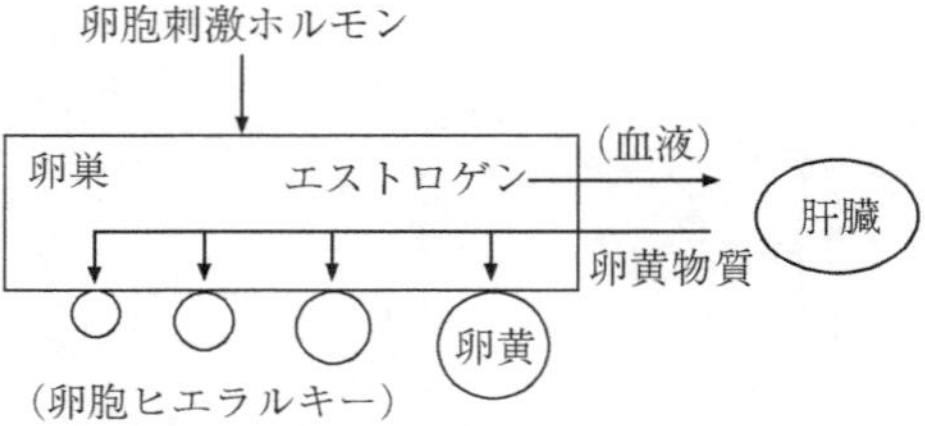
卵胞刺激ホルモン
卵巣
エストロゲン
（血液）
肝臓
卵黄物質
卵黄
（卵胞ヒエラルキー）

図7—2　ホルモンと卵黄の成長　エストロゲンによって卵黄物質が肝臓でつくられ、卵黄に運ばれる。

抱卵を中止させるとどうか？　プロラクチンはすくなくなり、エストロゲンが多くなる。これで産卵再開となる。できすぎといえるほど巧妙な仕組みだ！　勿論、雄、そして産卵していない雌の血液中にエストロゲンはなく、卵黄物質は存在しない。ところが雄であっても性成熟前の雌であってもエストロゲンを投与すると肝臓は卵黄物質をつくりだす。

産卵中の卵巣には大きさが異なる約八個の卵黄が常にあり、いずれも卵黄膜で包まれている。このなかで最も大きな卵黄が卵黄膜に包まれた状態で胚といっしょに卵巣を離れる（排卵）。卵黄膜が卵黄を包むことで卵白と混ざらない仕組みだ。二番目に大きな卵黄が成長し、つぎの日に離れる。これが繰りかえされ、排卵されたときの卵黄の大きさは一定になる。このように産卵中の卵巣には常にすべて大きさの異なる八〜九個の卵黄が順序よく並んでいることから卵胞ヒエラルキーとよばれる。卵黄物質を八ヵ所に分けて蓄積していることになる。一つの卵黄に集中して蓄積し、一日で完成させてもよさそうだが、何か無理があるようだ。おそらく卵黄膜の成長が追いつかないのだろう。タンパク質の合成に時間がかかり、同時に八～九ヵ所に分散してつくることで無理なくできるからである。本来、四～八個産卵して抱卵するという習性も関係するだろう、ちょうど一日に一個となる。それにしてもニワトリの卵黄膜の薄さ（一五マイクロメートル程度）は鳥類のなかで一番かもしれない。

ゆで玉子の黄身を半分に割り、中心部を注意深く観察するとちょっとしたちがいがわかる。白く、液状だからである。最初、そこに胚が存在した（ラテブラ）。だが卵黄の成長中は常に胚は表面に位置する。最初の場所から最後の位置（卵黄の表面）まで移動した痕跡を残し、識別できることからラテブラの首として知られる。機会があったら今度は黄身の表面にある白い点（胚盤）を目印に正しく半分にしよう、断面で何かに気づくはずだ。それがラテブラの首である。

タマゴができるまでに二五時間

鳥類の子宮は管状で一本、外側から膣部、卵殻腺部（子宮）、狭部、膨大部、ロート部に分けられ、ニワトリでは全長五〇～六〇センチメートルである。一方、哺乳類では子宮と卵管をハッキリ区別でき、二ヵ所に卵巣があることで卵管は二本、子宮は一つとなる。

ロート部はラッパ状をしていて、卵巣を包むようにして排卵された卵黄を受けとる。ここでカラザがつくられる。精子がいればここで受精するが、その有無はタマゴをつくるのに影響しない。ここを一五分程度で通過する。膨大部に移動した卵黄を内水様卵白と濃厚卵白がくるむ。これらはあらかじめ用意されているため短時間で終わる。最後に外水様卵白が囲む。ここを三時間少々で通過する。つぎに狭部で卵殻膜がつくられる。とどまる時間は一・五時間あまりだ。卵殻腺部は炭酸カルシウムを分泌し卵殻をつくる。滞在時間は一九～二二時間だ。完成すると膣部を通り総排泄口から排出される（放卵）。排卵から放卵まで平均二五時間、発育開始から放卵までだと約一〇日となる。これが排卵から放卵までの順序である。ところで、つぎの排卵はいつだろう？　という疑問がわくだろう。放卵後、おおよそ三〇分すると排卵する。

ここで不思議なことは、卵巣にある一番大きな卵黄が存在する卵胞、したがって排卵間近の卵胞がプロスタグランジン（生理活性物質）を大量にだすことである。この物質が卵殻腺部に存在するタマゴの排出を促しているようで、分泌後三〇分すると放卵となる。放卵に直接関係するホルモンはバソトシンだが（後述）、このように排卵に先だって卵巣から放卵を促す物質がでる。また、これが卵殻のないタマゴ（軟卵）を産む理由のようでもある。もし卵殻が完成する前にプロスタグランジンが放出されると軟卵を産むことになるからである。

このように連産しているニワトリで子宮にタマゴのない時間はわずか三〇分間である。この時間を加えると、どうあがいても三六五日毎日一個の産卵に無理のあることがわかるだろう。産卵の過程はホルモンによって調節され、鳥類は子宮全体を巧妙に使い分けてタマゴを完成させる。

受精はロート部で起こるが、鳥類には哺乳類で見ることのできない特殊な機構がある。それは交尾するとニワトリでは精子は受精能を維持したまま子宮（おもにロート部）で二〜三週間も生存することである。これが哺乳類だと数時間から半日の命であり、排卵時に合わせて交尾しないと妊娠しない。野生の鳥類は繁殖時期、毎日一個、数日かけて決まった数のタマゴを産む。それも一回の交尾で十分な受精卵が得られる。何とも不思議だ！　ニワトリにおいて受精卵を得る場合であれば、おおよそ雌一〇羽に雄一羽の割合で飼われ、雄は雌を見つけると交尾し、つぎの雌を探すことを繰りかえす。

鳥類ではタマゴも、尿も、糞も出口はいっしょ、それゆえ総排泄口といわれる。膣も尿管も出口ちかくで腸に開口している。精子が総排泄口から子宮に移動することから驚くことではないが、腸にいる微生物が子宮に侵入することがマレにある。

サルモネラ菌に汚染されたタマゴは二〇〇〇〜三〇〇〇個に一個あるとされ、実際に食中毒が発生している。菌数がすくなくても安心はできない。国内では菌数二〇、外国では菌数六で発症した例があるという。タマゴは常温においても腐らない。それでもサルモネラ菌による食中毒の危険性を下げるため低温での流通が望ましく、このためタマゴ売り場を低温にしていると「安全性意識が高い」といわれる。サルモネラ菌は低温になると増殖がとてもゆっくりとなるからである。なお七〇度Cにすると一分程度で死滅し、毒素もなくなる。調理すると食中毒を防げるので、外国では生タマゴの食用を禁じる国があるほどである。訪日した観光客がすき焼きを食べるとき、一部の人は生タマゴに戸惑うという。それも当然で、このような背景があったのだ。

サイズが小さいと卵黄が大きい

大きな鳥ほど大きなタマゴを産み、鳥類のなかでダチョウのタマゴが最も大きい。しかしここでは少し意味が異なり、同一のニワトリでも産卵時期によって大きさが異なることである。

パックにはS、M、Lなどと表示されている。なぜだろう? その理由は、産卵を始めたころのタマゴは軽く(SS)、しだいに重くなり(M)、最後に倍近い重さになるからである(LL)。このように産卵の初期、中期、末期で重さが変わり、サイズにも違いがでる。LLサイズのタマゴを産む時期は孵化後四〇〇日を過ぎてからで、大きなタマゴになるほど完成するのに長い時間が必要になる。このことで産卵間隔の広がりが産卵率の低下となり、五〇〇日を過ぎると七〇パーセント程度になる。これが限界のようで、人が苦労して改良を試みても常に同じ重さのタマゴを産むニワトリにはできなかったのだ。

そこで農水省がタマゴの規格を決め、「M」などと表示することにした。区分はSS、S、MS、M、L、LLの六種類、SSは四〇グラム以上四六グラム未満であり、以下六グラムを単位として区分けする。ちなみに人気の高いMは五八グラム以上六四グラム未満、Lは六四グラム以上七〇グラム未満となる。ところでSSとLLを目にしないのは、大半がタマゴ選別場で液卵にされ、菓子やパンなどの原材料として売られるからである。取引はキログラム単位でされ、平均するとSSで一五パーセント、LLで五パーセント程度安く、需要の低さを反映している。

産卵が進むにつれタマゴは重くなる。ところで卵白と卵黄のどちらが重くなるのだろう？　それとも卵殻だろうか？　卵黄の大きさは産卵開始後しばらくの期間を除くとほぼ一定で、重くなるのは卵白である。確かめることは簡単で、ＳサイズとＬサイズでゆで玉子をつくり、そして黄身と白身をキッチン用はかりで比べることだ。電子式はかりなら一グラムの精度で比較できる。サイズが小さいと卵黄の割合が高いことでタマゴご飯やゆで玉子に向き、卵白を使うのであればサイズの大きいものが適するだろう。ただ好みに地域差があり、おもに関東ではＭサイズ、関西ではＬサイズが売れるという。なお卵殻は卵重の一〇～一一パーセントを占めるが、末期に約二グラム重くなる程度で、その影響はほとんどない。

二黄卵の秘密

目にする機会はすくないだろうが、卵黄が二個入ったタマゴがある（二黄卵）。連続して二回排卵したためで、若鶏は産卵機構に未完成の部分があるために時として二黄卵を産む。このため産卵をはじめたころに限られ、数そのものがすくない。若鶏のいる養鶏場でタマゴを集めるベルトコンベヤーを見ていると、SSサイズのなかに大きなサイズが点在するから一目でわかる。食用上で何の問題もなく、その希少性から「幸福を呼ぶタマゴ」とか「招福タマゴ」などと名付けられて市販されている。機会があったら食べるとき卵黄の大小を比べたらよい。その差が一日で大きくなる卵黄量だ。目玉焼きにしても違いのあることはわかるが、正確に知りたいのであればゆで玉子にして黄身の重さを量ることだ。

なお一部で珍重されることから二黄卵を産むニワトリが米国でつくられた。二黄卵の割合は二〜三割にもなり、通常は一生で一個か二個だから相当な効率である。この事実を知らないと「ホルモンを注射して産ませる」のかと思うが、たんに二黄卵を産む種類のニワトリを飼っているだけのことである。だが異常というしかなく、同期のニワトリのタマゴより大きいことは当然としても、両端とも鈍端で、一般のタマゴでは鋭端（とがった方）と鈍端（丸い方）がハッキリしていることでもちがいがわかる。さらに有精卵であっても孵化する割合が極端に低い（ほぼゼロ）。タマゴ一個にある栄養と空間では二羽のヒナを孵化させることはできないようである。そのため哺乳類でいう一卵性双生児は勿論のこと、二卵性双生児に相当するものも鳥類にはいない。

五〇日間は腐らないタマゴ

「タマゴは冷蔵庫で保存する」としながら、一方で「室温で腐らない」と逆のことをいう。本当に産んだままの状態なら腐らない。ところで総排泄口から放卵されるため、卵殻に糞と尿（白い部分）が付くことは避けられない。そのため市販のタマゴは出荷前に湯洗いされて汚れが落とされている。この洗う、洗わないが決定的なちがいを生む原因である。腐るとは、「微生物が増殖する」ことである。タマゴは無菌状態で産まれ、したがって腐らない。じつは洗ったことで微生物が内部に侵入できる状態になったのだ。なぜ無菌といえるか？　抱卵を考えればわかることだ。ニワトリは孵化のため約二一日間三八度Cで温める。タマゴの栄養は微生物の栄養になり、温度は増殖に適温である。細菌は約三〇分で倍になり、一個が一日で一兆個を超える猛スピードで増える。一個でも微生物が紛れ込んでいれば胚は発育しない。タマゴは無菌で産まれることはわかったが、そのあとで微生物が侵入しては元も子もない。それを阻止する機構がタマゴにはある。

粘液は排卵時の潤滑油の役目を果たし、産みたてのタマゴはぬれている。これが乾くとクチクラになる。卵殻の表面には一万個程度の小さな穴があり、ここを通ってガス交換がおこなわれる。だがクチクラが卵殻の表面をおおい、同時に穴をふさいでいる。ガス交換では支障ないが、微生物の侵入を阻止するバリアーとなっている（消化管でも粘膜が無数にいる腸内細菌の侵入を防いでいる）。ところが卵殻表面に強固に付着しているものでないため洗うと簡単にはがれる。そのため洗卵前はザラザラしていた表面も洗卵するとツルツルになる。かつて冷蔵庫のない時代では洗わないタマゴが店頭に置かれ、汚れがあっても文句をいう消費者はいなかった。洗うと腐りやすいことを経験的に知っていたからである。

同時にタマゴの内側にも侵入を阻止する場所があり、それが卵殻膜である。クチクラが存在していても卵殻を通り抜けることはあるだろう。さらに内部に侵入するためには卵殻膜を通過しなければならないが、主成分であるケラチンやムチンは微生物が分泌するタンパク質分解酵素にきわめて強い抵抗力を発揮する。そのうえ二層を越えなければならない。外側の卵殻膜は空気を出入りさせるため一ヵ所だけ大きな穴がある（気孔）。しかし内側の卵殻膜が卵白を完全におおっている。卵殻膜一層では不完全ということであり、二層あることの意義は大きい。ここを通過して卵白に微生物が侵入しても次の難所が待っている。こんどは卵白に微生物の成育を妨げる仕組みがあるからだ。

卵白に含まれるオボトランスフェリンは金属イオンと結合していて、これを必要とする微生物は成育できない。同様に、アビジンはビオチンと結合し、ビオチンを必要とする微生物は生育できない。さらにリゾチームは、微生物の細胞壁にある多糖類を分解することで微生物を殺す。まるで溶かすように見えるため「溶菌」といわれる。また、オボムコイドのように微生物が分泌するタンパク質分解酵素を阻害する多種類のタンパク質が存在する。

このように微生物の侵入を防ぎ、栄養にしたいタンパク質を分解させず、成長に必要な微量成分を与えず、さらに積極的に殺すなど、さまざまな仕組みで微生物の侵入と成育を阻止する。それでもサルモネラ菌などは生存するのだから一枚上手がいることになるが。

タマゴの炭水化物が〇・三パーセントと少ないのも特徴である。ニワトリの血糖量は一〇〇ミリリットルあたり二五〇ミリグラム（〇・二五パーセント）で、人であれば糖尿病である。タマゴには乳糖のような特殊な炭水化物はない。高濃度のブドウ糖は胚（細胞）に有毒で、生育には血糖値以上には高くできないようだ。細菌は最初にブドウ糖を使い、侵入すると短時間で全量を消費することになる。これは初期の増殖を抑えるのに十分な効果といえる。

何と素晴らしい仕組みだ！　その巧妙さに驚くばかりである。タマゴに侵入し、卵白のなかで微生物が増殖することは容易ではない。まして卵黄にたどり着くなどはもっと難しい。このような性質があることを利用して、古くは卵殻膜と卵白が傷の治療に使われていた。いまでは卵白から取り出したリゾチームが医薬用原料になり、食品の保存剤もしくは殺菌剤となる。無洗卵であれば室温に置いても五〇日程度はほぼ一〇〇パーセント何事もない。洗卵しても腐敗しにくいが、衛生面を考えると室温に置くのは避けた方がよい。

鈍端を上に向けるわけ

コロンブスが新大陸を発見したあとでお祝いの会が開かれた。嫉妬心からだろうが、誰とはなしに「西に向かって航海すれば、誰でも発見できたことだ」といわれた。グッとこらえて彼は、「タマゴを立ててください」といった。しかし、誰もできなかった。ところが彼がタマゴを机に打ち付けるとタマゴが立ったのだ。みんなが「そんなことか」といったといわれる。コロンブスの複雑な心情をあらわすのにピッタリとした逸話だが、これが本当にあった話であるか否かは定かではない。十分な名声を得た彼にとって、敢えて反論する理由がないからである。

だが、ゆで玉子を使い、結果から判断しても無意味であることを諭したとすれば素晴らしいことである。大西洋の端は滝になっていると考えられていた当時、西へ向かって航海を続けた勇気を賞賛すべきだろう。新発見、大発見といわれても、あとになれば「そんなことか」が大半である。それでも歴史はパイオニアを最大限に尊敬する。

子宮でタマゴは完成、つぎに放卵される。ここで困ったことが温度の急激な低下である。体内にあるときは四一～四二度C、それが一気に二〇度C以上も下がるのだ。温度の低下で体積は減少するが、収縮する度合いは固体より液体で大きい。このためタマゴのなかは減圧状態になり、胚が深刻な影響を受ける。ただちに内と外の気圧差を解消しなければならないことになる。

そこで活躍するのが一つの穴（気孔）である。鈍端に位置し、空気を取り入れることで気室ができる。これで内圧を大気圧に合わせる。気室は図7―1で凹んだ場所である。体内にあるときはなく、放卵後、温度の低下によって出現する。鋭端側にできることはないのだろうか？　気孔がないため気室はできない。確かめることは簡単である。タマゴを割ったとき両端の内側を観察することだ。どちらに気室があるか容易にわかる。パック入りタマゴは鈍端が上である。機械が鈍端側をつかむからだが、空気の出入りにとっても好都合になっている。

抱卵によってタマゴは温められると今度は逆のことが必要になり、気室の空気をださないと内圧が高まる。これも胚にとって好ましいことではない。このような理由で鳥類においては卵殻に気孔を設け、内側に気室をつくる必要があったのだ。

空気の出入りを調節できることはわかった。ただ何かの仕掛けがないとタマゴの内部に入った空気は自由に動くことになる。抱卵中の転卵行動を見ると不都合が起こりそうだが、それが気室に閉じ込められて動かない。卵殻膜は二層からなり、そのあいだが気室になるからだ。

タマゴでは水分の出入りもある。出るほうが圧倒的に多く、水分の蒸発にしたがって気室も広くなる。つまり気室の広がりからタマゴの新鮮さを知ることができることになる。うまく殻のむけたゆで玉子の鈍端が大きく凹んでいることに気づくだろう、このことをコロンブスは知っていたことになる。

ところでタマゴには必ず鈍端と鋭端がある。すべての鳥類で見られることから「何か理由があるはず」と考えた人がいた。答えは「巣から落ちにくい」だった。タマゴを転がしても遠くまで行かない、正確な楕円でないからである。断崖に巣をつくるウミガラスのタマゴは極端にいびつな楕円である。一方で木の洞穴に巣をつくるコノハズクのタマゴは球形に近い。巣から落ちる心配の有無が形に反映されているようである。また、タマゴがいびつな楕円形だと巣の中央に集まりやすい。鋭端を中心に向けて並べるとコンパクトに並ぶことがわかるだろう。それを逆に並べたらどうか？　試してみるとよい。

もう一つの理由を考えた人がいた。それは放卵するとき鈍端側が先にでてくることを観察した人の見解である。哺乳類の出産でも頭部が先にでてくるのが正常で、両者に共通することは最も大きな部分が最初にでてくることである。そのあとは簡単だ、つぎは最初より小さいのだから。じつはこれが痛みを最小にするうえで最も合理的だという。

放卵時には子宮を強力に収縮させるバソトシン（哺乳類におけるオキシトシンと類似物質）が分泌される。有効な時間は数分と短い。だが最初に最も大きな部分がでてしまえば、あとはバソトシンがなくてもかまわないというわけだ！　それでも痛みをともなう作業であることに変わりなく、ニワトリは放卵するとき鳴き声をあげるが、それは陣痛の痛みを伝える悲鳴だった。とにかく「コケッコ、コケッコ」と昼間の鶏舎内は騒々しい。このようにタマゴの形にも合理性があり、多くの不思議が隠されている。

ヒナの誕生とタマゴの変化

孵化用のタマゴは無洗卵だ。有精卵を得るため雄一羽に雌五～一〇羽の割合で平飼いがおこなわれる。雄の多いほうが有利と思うかもしれないが、ケンカが絶えないことで必ずしも受精率向上に結びつかない。これでも約九五パーセントが受精卵であり、その理由はわかるだろう。精子はロート部で二〜三週間も受精能をもったまま生存できるからである。

ニワトリの体温は四一〜四二度Cだ。機会があったら抱いて確かめるとよい。これが人であれば生きられない体温である。人体用体温計の目盛りは三五度Cから四二度Cまで、この範囲を超えると生存自体が難しく、目盛る必要がないのだ。

高体温にも自然の不思議さが隠され、ニワトリでは孵化に必要な温度は三七・八度C、これが受精卵で細胞分裂が始まる温度である。許される範囲はプラスマイナス〇・二度と狭く、たとえ三七・〇度Cでも細胞分裂ははじまらない。このため孵卵器では内部で温度差のないようにする装置が組み込まれている。先のカッコウのように托卵の習性をもつ鳥の種類は一般に体温の変動が激しいといわれ、托卵したほうが孵化する割合が高いことを知っているようである。

受精卵においては放卵前に少し細胞分裂する。これが胚盤である。だが、産卵（放卵）直後から細胞分裂が始まったら大変である。孵化に約二一日、五個のタマゴを抱卵するとすれば雌にとって抱卵期間は二五日に延長することになる。なぜならヒナの誕生が一日一羽となるからである。その後を想像すれば、抱卵を続けながら一方でヒナを育てるなど不可能であることがわかるだろう。ニワトリでは雄は抱卵に加わらず、雌のみがおこなう行為だからである。産卵時期で一日中気温が三八度C付近ということはなく、細胞分裂が始まることもない。数日かけて必要な数にしてから抱卵を開始する。抱卵によって本格的な細胞分裂が始まり孵化も同時となる。これで抱卵期間は最少の二一日となる。

「すべての鳥類がニワトリと同じか」と問われれば、答えは「違う」となる。抱卵数が二、三個で、雄も抱卵に加わる種類がいるからである。同日に孵化する必要はなく、数日遅れても問題になることはない。ヒナは自分で体温の維持ができないため、親鳥は孵化後も巣立ちまでの一週間程度は温めつづけるからである。抱卵と育雛に雄が加わる種類であれば孵化が数日遅れても全く問題にならない。

実用鶏でヒナを孵化させるニワトリは一羽もなく、すべて孵卵器を使って孵化させる。産卵日はまちまちだが、孵化は孵卵器に入卵後二一日目である。ニワトリでは体温が四一～四二度Cでなければならず、人が懐（ふところ）でヒナにすることなどできないのだ。

入卵して五～七日すると最初の検卵がおこなわれる（透視検卵）。検卵とはタマゴに光を当てて内部の状態を調べることで、無精卵であれば変化のないことで判別でき、発生を停止しても判別でき、ともに取り除かれる。その後も数回検卵され、除外されるタマゴは一五パーセント程度といわれる。

孵化間近、気室は最大となり、ヒナは卵殻膜を破り肺で呼吸を始める。そして卵殻のなかで「ピヨピヨ」と鳴き、仲間同士で孵化時間を合わせるといわれる。孵化後数日は体内に取り入れた卵黄を栄養として生きられ、一日遅れで孵化するヒナがいても支障ない。孵化後しばらくのあいだは体温調節ができないので、雌は腹の下に置いてヒナを温める。

卵殻のカルシウムはヒナの骨格となり、卵殻は薄くなって脱出を容易にする。ヒナのくちばしの先に「卵歯」があり、卵殻をこわすのに適するように先端は尖(とが)っている（孵化後とれてしまう）。また、孵化直前になると後頭部と首にhatching muscle（孵化用筋肉）が発達し、卵殻を破るのを助ける。これが自然の不思議さである。二一日目になるとヒナは約一〇時間かけて卵殻をこわし脱出する。ヒナの誕生だ！　卵殻を除くとタマゴの重さは五〇～五五グラム、ヒナの生体重は三五グラム前後、ほとんどがヒナの体になっている。タマゴは四〇グラムに近い水分を含んでいて、胚の発生で使われている。

通常、餌を与えるのは孵化後二日してからである。このころになると親の後を追いかけることができる。親がヒナに口移しで餌を与えることはなく、ただ「コッコッコッ」と餌のありかを教えるだけである。もっとも孵卵器で孵化すれば初めから自分で探す。

生タマゴを割ると卵黄の横に白い糸状のものが見られる。これがカラザである。一方は卵黄膜と結ばれ、反対の端が濃厚卵白に絡みついている。それぞれ鈍端側と鋭端側にあり、卵管膨大部をコロコロ転がって下るため、一方は時計回り、反対側は反時計回りにねじれる。卵黄の主成分は脂肪である。卵黄は卵白より軽く、本来であれば浮くものだ。ところが不思議なことに、タマゴを上下ぎゃくにしても回転させても卵黄は常に中心に位置し、胚は常に卵黄の上面にある。何か仕組みがあることになるが、この役目をカラザと濃厚卵白が果たしている。さらに濃厚卵白は鈍端と鋭端側で卵殻膜と絡み合うことで、ゆるく固定された状態になっている。これは鮮度の高い生タマゴを割ると白味の一部が内側に残ることで知ることができる。

ところで抱卵中の親鳥は一日に何回もタマゴを動かす（転卵）。孵化率の低下を防ぐため、孵卵器でも四～五時間間隔で転卵される。発育中のヒナを卵殻膜に付着させないためで、水様卵白が潤滑油の役目をする。なぜ卵白に二種類あるのか不思議に思っていただろうが、これで疑問が解けただろう。タマゴは合理的にできていて、巧妙な仕組みを備えている。これは余談だが、ゆで玉子と生タマゴを見分けるには、回転させ、長く回っていればゆで玉子、すぐとまれば生タマゴである。これにはカラザと濃厚卵白が関係し、ゆで玉子では卵白が固まってしまうために長く回っていられるのだ。

このようにタマゴの構造は意外なほど複雑である。しかしムダがなく、子宮を巧妙に使うことで可能となる。ヒナに必要な栄養素を含み、孵化までに必要なタマゴの状態と機能を維持する機構がある。微生物の侵入を阻止し、増殖させない機構もその一つである。高い体温であることにも理由があった。孵化にあたり、硬い卵殻をこわすことはヒナに重荷だろうが、こわすのに使う道具が備わっていて、すべてがヒナを孵す目的で一致している。

第8章　食品としてのタマゴを科学する

タマゴの出荷プロセス

養鶏業ではオールイン、オールアウト（all in, all out）方式が採用されている。一つの鶏舎にいるニワトリはほぼ同じ時期に孵化し、廃鶏になるのも同時期となる。産卵に合わせた配合飼料の給与、一斉におこなう強制換羽を知れば当然で、経営上でも管理上でも最も合理的だからである。このような鶏舎を数棟有して養鶏がいとなまれる。

人の手でタマゴを集めるのは昔のことである。いまは鶏舎内に設けられたベルトコンベヤーがタマゴを集め、集荷施設に送る（ＧＰセンター）。一〇万羽いれば一日で産まれるタマゴは平均すると七万六〇〇〇個、これが孵化後二一〇日ごろだと九万個を超える。大規模養鶏場では数十万羽規模であり、コンベヤー上を大量のタマゴが流れる。人手での処理は不可能、多くを機械に頼る。衛生面からすると人手より優れている。ただ機械は人の手のように器用に動かず、卵殻の厚いタマゴが求められる背景になっている。

GPセンターとはグレーディング・アンド・パッキングセンター、つまり鶏卵の重さによる格付（分別）・包装施設のことをいう。格付とは取引上の卵重区分（SS、S、MS、M、L、LL）に分別することで、規格の詳細は「サイズは大小まちまち」で述べた。GPセンターは鶏卵の一時的な保管場所でもある。パック詰め、箱詰め、割卵および（凍結）液卵製造、冷蔵などに対応し、流通の実質的中心になっている。

図8―1はGPセンターにおけるタマゴの流れの概略である。GPセンターに集められると最初に人手で破卵と軟卵が除かれる。無傷の卵が温水シャワーでブラッシングされ、汚れが落とされ、ここでクチクラもとれる。オゾンや次亜塩素酸で消毒され、速やかに温風乾燥される。温水と急速な温風乾燥は微生物がタマゴの内部へ侵入することを防ぐためだ。

つぎに暗室に運ばれ下から光が当てられて内部が検査される（透視検卵）。一部は自動化されているものの、ここでは人の目が頼りだ。内部に異物のあるもの、二黄卵、卵殻に小さなヒビのあるタマゴ、汚れの残ったタマゴが除かれる。この段階までで商品としてパックに入れられないタマゴがでることになる。そのなかで食用にならないものは廃棄され、食品衛生上で問題がなければ液卵にされて食品加工業者にわたる。これもGPセンターの役目で、最終的にタマゴとして市場にでる割合は八・五～九割とされる。

検査を通ったタマゴは機械でつかまれて一個一個の重さが量られ、流通業者の要望通りにパックに詰められる。封をする直前に殺菌のためオゾンガスが入れられることもある。人が触るのはパック詰めが終わってからとなる。すべての工程で徹底した衛生管理がおこなわれ、食品としての安全性が確保されている。早ければ翌日、遅くても四日後に店頭に並べられる。

　ただ表示されている賞味期限には問題があるといわれている。何しろ冷蔵庫で保存すると、洗卵しても五〇日程度は生で食べられるからだ。賞味期限は「生で食べられる期間」であるが、何日にするか業界内での統一基準はない。食品衛生上で問題がなくてもわかりにくい。どうも生産者と消費者で利害が一致しないようだ。業者は生産日でもかまわないが、新鮮さを強調すればGPセンターでの出荷日を採用することになる。一方、販売店では新しい日付から売れるなど、理由もなく新鮮さを重視する消費者側にも問題があるようだ。

　タマゴの価格は季節によって変動し、毎年、秋口から高値となる。無洗卵を低温で保

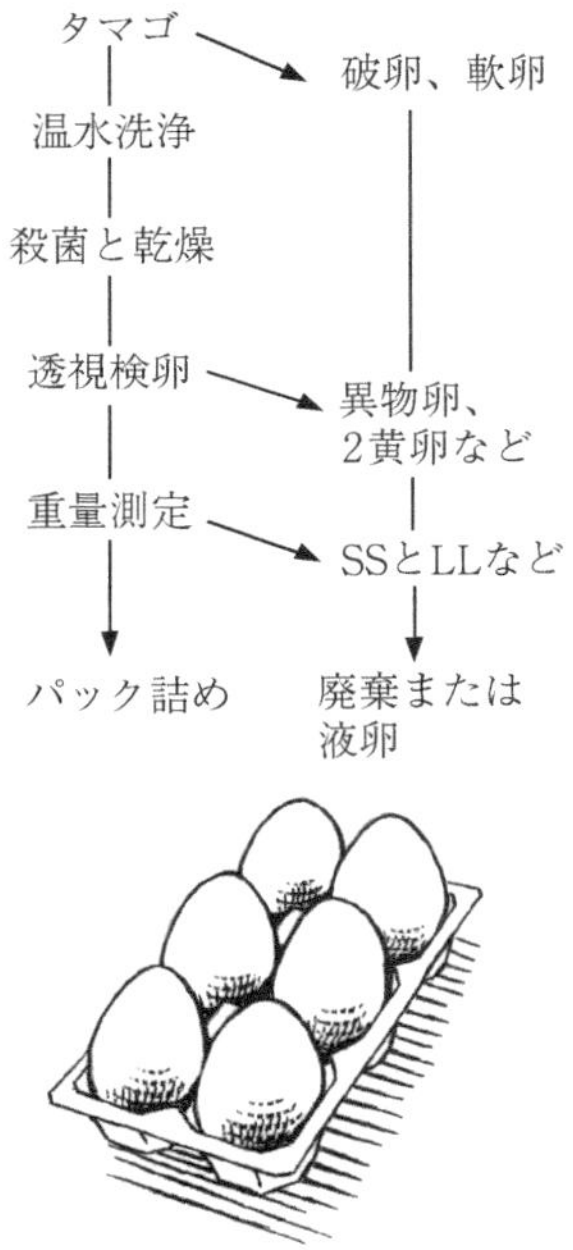
タマゴ
破卵、軟卵
温水洗浄
殺菌と乾燥
透視検卵
異物卵、
2黄卵など
重量測定
SSとLLなど
パック詰め
廃棄または
液卵

図８—１　GPセンターにおけるタマゴの流れ

存すると半年程度であれば目立った品質の低下がないことを知っていると、安い時期で蓄え、高い時期に出荷してもおかしくない。

このような背景があって、冷蔵庫で長期間保存したタマゴがスーパーで売られる事件があった。日付はGPセンターの出荷日、だが本来なら既に賞味期限切れのものだった。これなどは日付が生産日に統一されていれば起こらなかったことである。消費者から「味がおかしい」との苦情で発覚した事件である。食品衛生上で問題はなかったものの、厳しくモラルが問われた。

また、液卵にすると使用するまで冷凍保存できる。そのうえ価格は安く、タマゴを割る必要がなく、加工用原料として最適である。保存期間に限界があり、ここにもモラル上の問題があるといわれている。加熱すれば食品衛生上で問題はなくても、古くなれば新鮮なタマゴとの違いがあるからである。

新鮮なタマゴを見分ける

いつ買ったかわからないタマゴが見つかったらどうするだろう? 捨てるだろうか? これまで述べてきたことがわかると新鮮さの見分け方がわかるだろう。ここで古いといっても食べられない状態を意味するものでなく、生産日がわからなくなった古いタマゴが混ざってしまった場合など、古いほうを探すという程度の意味ではあるが。それも個々のタマゴに生産日が付くことが多くなり、意義はうすれたが、ここでは科学の目でみようということだ。タマゴの変化を測る専用装置はあるが、ここでは使わない。原理は同じだからである。以下は家庭でできるやり方である。

気室の大きさを物差しにするのが簡単である。気室はその役割上、水分が失われると広くなり、一般に日の経過とともに大きさを増す性質があるからだ。大きい方が古いことを意味する。しかし外から見えないので実用的でないと思う人もいるだろう、それが簡単に見えるのだ。部屋を暗くし、鈍端を上にして真横から間近で懐中電灯で照らすだけである。一センチメートル程度の穴を開けた黒紙や厚紙をあいだに置くとより鮮明になる。これは前に述べた透視検卵による検査法の応用である。

同じ方法を使って卵黄の位置のちがいで見分けることもできる。卵黄はカラザと濃厚卵白で位置が保たれているが、日数を経ると濃厚卵白が粘り気をなくし、卵黄は軽いため浮くことになる。卵黄が中央にあれば新鮮なもの、やや中央から離れたものは多少鮮度が落ちたもの、かなり中央から離れていれば相当古いもの、上端に接していれば食用にしないことだ。タマゴを上下反転させながら観察するとちがいがハッキリし、新鮮なら卵黄は常に真ん中に位置するが、鮮度が落ちると卵黄が動く。

古いタマゴは気室の広がりで軽い（比重が小さくなる）。新鮮なタマゴであれば比重は一・〇八〜一・〇九だが、古くなると一・〇七程度となる。ほとんど差がないように見えるが、まず水に入れてみよう。新鮮であれば真横になり、すこし古いと鈍端がもちあがり、さらに古いと鈍端を上にして垂直になる。つぎに真横になったタマゴと垂直になったタマゴを塩水に入れよう。塩分の濃さはコップ半分の水（約九〇ミリリットル）に食塩を調理用小スプーンで二杯（一〇グラム）、これで塩分は一〇パーセント、比重は一・〇七となる。何がわかるだろう？　新しいほうは沈み、古いほうは浮く。ハッキリした違いが見られる。塩加減を少し間違えてもかまわない、沈むスピードがまるで違うからだ。

卵白と卵黄からも新しさ古さを知ることができる。それはタマゴを割って皿に落とすことである。新鮮なタマゴであれば卵黄は盛り上がり、プリプリした卵白が周りをかこむ。これは先に述べた濃厚卵白の粘稠性による。これも古くなると本来の粘りをなくして水様化するため、古いタマゴで盛り上がることはなく、卵白も卵黄も広がった状態になる。タマゴご飯には新鮮なもの、古いほうは加熱して食べるのが安心・安全といえるだろう。

ここで美味しいゆで玉子の作り方を教えよう。意外なことだが炭酸ガスが関係する。炭酸ガスはニワトリの体温では空気より三八倍も多く水に溶け、これが八〇度Cになると一気にゼロになり、すべて気体となる。炭酸ガスが空気より水に溶けやすい性質を利用して清涼飲料がつくられている。それほど水に溶けやすい性質が炭酸ガスにはある。

タマゴの七四パーセントは水分で、産みたてのタマゴは炭酸ガスを含んでいる。新鮮なものほど多く、日数の経過とともにすくなくなる。卵殻には一万個以上の微小な穴があり、ここから炭酸ガスが失われるからである。このことから新鮮なタマゴをゆでると炭酸ガスが急速に気体化することで一気に内圧が上がり、卵殻にヒビが入ることもある。そこまでではなくても卵白は卵殻膜に強く押しつけられて離れにくくなり、きれいに殻がむけないことになる。さらに白身に閉じ込められた炭酸ガスが白身をスポンジ状にすることでパサパサした状態になり舌触りを悪くする。殻をむくのは面倒、舌触りが悪いでは話にならないだろう。

古いタマゴがゆで玉子に向くことはわかったが、さて何日あとがよいだろう？　一応、生産日から四～五日以降ということになり、ゆで玉子の専門業者は一〇日から二週間後を目安にするという。炭酸ガスを失ったタマゴは味もよい。それから十分に加熱することも大切で、沸騰水で一〇分間ゆでることだ。ゆで終わったら冷水で冷やすと卵殻膜が簡単にはがれる。表面がツルツルすることで見た目がよく、白身は適度にかたく、Ｍサイズを使うと卵黄が多いことで美味しいゆで玉子になる。好き嫌いはあっても味があるのは間違いなく黄身だからである。このように各ステップには科学的な根拠がある。

ところでＣＭなどでは「箸でもてるほどのタマゴ」が宣伝される。どこが違うのだろう？　筆者はたんに産みたてのタマゴを使ったにすぎないと思う。少なくとも卵白においては良質の餌を与えたからではない。なぜならタンパク質はＤＮＡに刻まれた遺伝情報に基づいてつくられ、極度に劣悪な餌でないかぎり餌の影響を全く受けないからだ。現実には栄養バランスのとれた餌が与えられ、卵白で差はない。ただ海藻の粉末を与えるとヨード卵になるのは事実だ。

また卵黄の色と硬さは餌の影響を受ける。卵黄の色はカロテンによる。米には含まれず、トウモロコシに多い成分である。このため米だと黄色は薄くなり、トウモロコシだと濃くなる。パプリカ（ピーマンの一種）を与えてオレンジ色にしたタマゴが市販されている。脂溶性ビタミンであれば多くすることもでき、実際に市販されている。ただ、たいていの場合、不足するビタミンはない。

卵黄の硬さは飽和脂肪酸によるところが大きく、ある程度は餌によって硬さを変えることができる。たとえば室温で植物性油脂は液体状で飽和脂肪酸は二割以下、動物性油脂は固体状で四割以上が飽和脂肪酸である。これがバターでは七割にもなる。卵黄にある脂肪の一部は餌に由来し、飽和脂肪酸の多い餌を与えると硬さを増す。このことから動物性油脂が配合飼料の原料として使われる背景にもなっている。だが本来、鶏肉は牛肉や豚肉に比べ飽和脂肪酸がすくないのが特徴である。タマゴだけが例外になるハズはなく、本来はタマゴでも飽和脂肪酸がすくないのだ。むしろ箸でもてるほどのタマゴのほうが不自然なのだ。

煮ても焼いても変わらない栄養

タマゴは生で食べるだけでなく、ゆでる、煮る、焼く、揚げるなどして食べられている。代表がゆで玉子であり、目玉焼きや厚焼きタマゴである。生タマゴは流動状態だが、加熱温度と時間を変えることで半流動状や固形状になる熱凝固性を利用して、バラエティーに富んだ料理がつくられる。日本には目玉焼きやゆで玉子をはじめ、タマゴご飯、すき焼き、親子丼、タマゴとじ、トロロご飯、オムレツ、月見そば、だし巻きタマゴ、茶わん蒸しなど三〇〇を超えるレシピがある。お菓子の原料となる分を加えると、一人あたりのタマゴ消費量が世界一というのも納得できる話である。世界二位とする統計もあるが、多いことには違いはない。

卵白は加熱すると六〇度Ｃくらいから固まりはじめ、八〇度Ｃを超えると完全に凝固する。一方、卵黄は七〇度Ｃで完全に凝固する。七〇度Ｃから七五度Ｃの間でゆでると卵黄は固まり、卵白の一部が固まった温泉タマゴになる。このように温度と加熱時間を調節することでさまざまなゆで玉子ができる、といっても基本的に三種類だが。このようにタマゴの特徴が料理に活かされている。栄養上では差がないのだろうか？　誰もが抱く疑問である。答えを先に述べるとすべて同じように消化され、すこしの差もない。ゆでるとタマゴは固まるが、この説明には水素結合という耳慣れない用語を使わなければならないが無視してかまわない。

タンパク質は折れ曲がったり畳まれたりして複雑な立体構造であることが一般的である。その立体構造を可能にしている主役が水素結合である。ただ化学的結合力は弱い部類に属し、六〇度C以上になると切れてしまう。するとタンパク質の立体構造がこわれ、本来の状態でなくなる。肉や魚に火を通すと外見が変わり、内部で変化のあったことを示している。水素結合が切れることで酵素などは機能をなくす。微生物であれば生命を失うことになり、この原理が六五度C三〇分でおこなう低温保持殺菌で使われている。

水素結合が切れるともとの状態に戻ることは難しい。温度を下げると水素結合は復活するが、別のタンパク質を結びつけ、流動性を失わせる。水素結合が無秩序になることで、ゆでタマゴでいえば固まった状態となる。このように加熱するとタンパク質の外見が変わる。ここで注意することは調理程度の加熱温度でアミノ酸はこわれず、したがって栄養価が下がることは全くないということである。ちなみにタンパク質を構成するアミノ酸を調べるときなどは六規定の塩酸（濃塩酸の半分の濃度）にして一一〇〜一四〇度Cで二〇〜二四時間かけてタンパク質を加水分解する。とても過酷な条件であるが、それでもアミノ酸は破壊されない。

ところで世間では、「生タマゴは消化が悪く、半熟玉子は消化が良い」といわれる。胃にとどまる時間をみると半熟玉子のほうが確かに短い。生タマゴは液状であることから短いように思えるが事実は逆である。生タマゴにはタンパク質消化酵素の作用を阻害するタンパク質（トリプシンインヒビターなど）がそのまま残っていることになる。このせいで消化が悪いのだろうか？ところが研究の結果、生タマゴは半熟玉子と栄養価で差がないことが判明している。ひとしく消化酵素で分解されるということである。タマゴ焼きは胃に最も長くとどまるが、栄養価の低下は認められない。このように調理の有無によって消化吸収に違いがないことを考えると、「消化がよい」とは胃にとどまる時間の短さにあるようだ。

胃酸がタンパク質を変性させたように、半熟玉子も軽い変性状態にあり、ペプシンが分解（消化）しやすい。胃をはやく通過すれば消化吸収もはやく、また、病気や体調によっては胃に負担をかけたくないときがある。このようなときには半熟玉子が適することになり、日常の経験から生まれた言葉のようである。ここで気をつけることは、加熱すると生タマゴにあった殺菌機構が失われるので、はやく消費しなければならないことである。

タマゴはヒナの食べ物

胚の発育は哺乳類では母の子宮、一方、鳥類はタマゴのなかだ。哺乳類の胚は母から栄養を受けられるが、鳥類で許されるのは、水分を含め、タマゴに存在する栄養分だけである。とくに鳥類において栄養素の過不足は致命的となる。このことからタマゴの栄養成分は種によってちがわないとするのが普通である。実際もその通りで、ウズラのタマゴでもアヒルのタマゴでも栄養成分においてニワトリのタマゴとほとんど違いがない。

ここでも忘れてならないことが、「牛乳は子牛の食べ物で、乳幼児の食べ物でない」と述べたように「タマゴもヒナのためで、人のためでない」ことだ。たとえばビタミンCは皆無に等しいが、ヒナは自分でつくれるのでいらない。タマゴが完全食品といわれるのは、栄養学的に優れたタンパク質と脂肪を含むからである。

栄養学上、タマゴのアミノ酸組成がきわめて優れていることは古くから知られていた。生物価は一〇〇、すべての必須アミノ酸を含み、アミノ酸バランスは理想に近い。このため人の栄養学でタマゴのアミノ酸組成が基準にされることもある。孵化するまでにヒナの体タンパク質になり、卵白はなくなる。つまり完全に利用されたということになる。ヒナは卵殻のなかで生きて成長するのだから、タンパク質が十分に含まれていることを示している。

また、ブドウ糖は少量であり、主要なエネルギー源が脂肪であることから当然のこととして含量は多い。その脂肪にも特徴があり、不飽和脂肪酸が比較的多いことに加え、リノール酸、αリノレン酸、アラキドン酸が多い。この三種類の脂肪酸は体内で生合成が不可能であること、重要な役割を果たしていることから動物において必須脂肪酸になっている。本来、これらは餌に由来する脂肪酸であることから選択的に卵黄に集める機構があるようである。

ところでゆで玉子にすると卵白も卵黄も固まってしまう（熱凝固）。牛乳からつくるバターは加熱すると溶ける。同じ脂肪といっても一方は固まり、他方は溶ける。なぜだろう？

乳脂肪はすべてが脂肪からできている。ところが卵黄は脂肪約二九パーセントの他にタンパク質が約一五パーセント存在するなど脂肪だけではない。これがゆで玉子にするとタンパク質が凝固することで固まった黄味となる理由である。しかし脂肪のみにした「卵黄油」にすればバターと変わらない。なお卵黄油はフライパンなどで卵黄を加熱することでタンパク質を変性させると脂肪が分離することでつくられる。

先に述べたことだが、このタンパク質はリポタンパク質といわれ、肝臓でつくられ血液に乗って卵巣に集まったもので、脂肪を卵黄に運ぶ役目を担っている。卵巣は自分で脂肪をつくれない。しかしヒナにとっては重要な意味があり、それは卵黄が脂肪とタンパク質を含んでいることである。ヒナは孵化後数日であれば餌を食べなくても平気で、卵黄を体内に取り込むことで栄養を満たせる。ヒナが卵黄を腹腔に取り込むのは孵化前日、肺で呼吸を始めるときである。

どちらを選ぶ？　白いタマゴか赤いタマゴ

タマゴ売り場を見ると赤いタマゴ（赤玉）と白いタマゴ（白玉）が並べられ、多くの場合、赤玉は白玉より高い値段になっている。赤玉では自由に運動し、餌をついばみ、水を飲む平飼いでの生産を強調することもある。値段の高いほうが栄養価は高く、美味しいように思えるが、本当だろうか？　卵殻の色は栄養とは無関係で、美味しさとも無関係である。白いタマゴは地中海沿岸に起源をもつ白色レグホンやミノルカが産み、赤いタマゴはこれ以外の品種（おもにプリマスロック）のニワトリが産むだけの違いである。烏骨鶏（うこっけい）やアロウカナなどは青色、ウズラは白と褐色のまだら模様である。

平飼いは一見すると平和そうに見える。しかしながらニワトリ社会の仕組み（縄張りと順位制）を考えると、仲間との争い、緊張関係があり、弱い個体は平安でいられない。仲間からの攻撃で十分な餌を食べられないことさえある。これを示すのが群平均産卵成績で、平飼いはケージ飼いとくらべると卵数はすくなく、わずかだが卵重も軽い。人が考える平和とニワトリにとっての平和には違いがあるようだ。そもそも赤色野鶏は単独で生活する習性があり、これはニワトリでも同じだからである。

生産コストで白色レグホンが最も優れ、赤玉は高く売らないと採算がとれない。たとえば中国では烏骨鶏のタマゴは「不老不死」をもたらすとして古くから珍重されてきた。日本でも生産されているが、産卵数がすくないことで白いタマゴの一〇倍以上の値段にしないと採算がとれないといわれる。これは余談だが、烏骨鶏の卵を割ってみることをお勧めする。おそらく卵殻の硬さに驚くだろう、茶わんの縁のほうが欠けるのではと感じるほどである。

同じように有精卵を強調したタマゴも売られている。これは雄といっしょにした平飼いでなければば生産できない。ここでも栄養面で差がないと考える研究者が多い。なぜなら抱卵しなければ胚は発達しないわけで、精子一つ分の栄養が加わった程度では栄養面で差がでない。もっともフィリピンでは強精剤として数日孵卵器に入れたタマゴが生で食べられていると聞いたことがある。タマゴを割れば鼓動する心臓が見える状態だ。これなどは栄養面でなく、「イワシの頭も信心から」の類（たぐい）としてよいだろう。有精卵の生産では生産費に雄の経費が加わり割高となる。ニワトリは縄張りの本能が強く、雄同士で激しい争いをすることから、平飼いで十分な広さを確保しなければならず、生産費が割高になるのは当然だろう。大量生産に向かない飼育方法で、スーパーで目にすることはほとんどない。

鳥類にとってはタマゴの成分が変わると困る。当然、栄養成分は餌の影響を受けにくい仕組みになっていて、栄養が不足すると産卵数を減らすことで成分を一定にする。値段が高いと美味しそうに思え、有精卵が栄養で勝るように思えるが、タマゴにおいては当てはまらないようである。むしろ安いタマゴを毎日一個食べるほうが健康と財布にやさしいといえるだろう。もっとも、この考えを押しつけるつもりは毛頭ない。「体に良い」と信じて食べることが健康に一番だからである。

世の中には健康に気をつける人が大半である。このためだろう、効能書きを信じて高いお金を払って健康食品やサプリメントを求める人が多い。高価なものほど効果があると信じている人も多い。しかし科学的にみると首をかしげるものが大半だ。つまり健康はお金で買えないことになり、反対に普段の食事で十分となる。普段の食事とは、ありふれたさまざまな食材からバランスよく栄養を摂ることだ。

乳化力と起泡性でつくるマヨネーズとケーキ

タマゴには利用するうえで優れた特性があり、それが卵黄の乳化力と卵白の起泡性、もう一つは、だし汁で薄めても依然として熱凝固性を保っていることである。いずれもタマゴ以外ではみられない特性といってよく、これらを利用して食生活を豊かにしている。

卵黄にあるリポタンパク質の乳化力は食品に用いられる天然乳化剤のなかでは最高である。乳化力とは水と油のように本来は混ざり合わないものを均一な液状にする能力をいい、リポ（脂肪の意味）に脂溶性物質が結合し、タンパク質に水溶性物質が結合することで乳化させる。この乳化力を使ってマヨネーズをつくる。卵黄一個（一八グラム）、酢大さじ一杯（一五グラム）、サラダ油カップ半分（一〇〇グラム）をかきまぜるだけだ。食塩や砂糖、香辛料を加えるとちがった味になるなど、家庭で簡単につくられる調味料である。日本はマヨネーズ製造で卵黄を使い、生産量も多い。そうするとマヨネーズ工場で大量の卵白がでることになるが心配はいらない、広く製菓用や工業用に使われるからである。

卵白には起泡性（泡立ち性）がある。泡立て器でかきまぜるとクリーム状になる性質で、卵白を泡立てると泡雪、料理教室では「角ができる」ともいわれる。この性質を利用してつくられるお菓子がメレンゲで、原料は卵白と砂糖のみである。これをゼラチンで固めたお菓子がマシュマロ、「天使の食べ物」とよばれるほど口当たりがよい。また、カステラは起泡性を利用して小麦粉をふっくら焼いた代表的なお菓子で、同様にしてスポンジケーキやエンジェルケーキ、ドーナツなどもつくられている。毎年、卵価が高くなるのは一一月ごろからで、クリスマスケーキ用に大量の需要が生まれるからだ。卵白の起泡性は凍結しても悪化せず、需要期まで保存できる。

白身を分けるとき、新鮮なタマゴだと粘性のある濃厚卵白があることで意外に苦労する。解消は簡単で、箸でかきまぜるとタンパク質の構造が崩れ、粘性がなくなる性質を利用すればよい。料理教室などでは、このことを「卵白を切る」という。実際、箸を前後に動かすだけだから切るが適切な表現のようだ。勿論、かきまぜることが不適切という意味ではないが。

タマゴ焼きなどは加熱することで固まらせる。このような特徴のある食材は意外に少ない。さらなる特徴は、だし汁などで薄めても依然として熱で固まる性質を保っていることだ。ただし、タマゴ一に対しだし汁を五以下にすること、蒸し器を使うなどして加熱温度を高めにすることが条件となる。この特徴を利用して日本が世界に誇るタマゴ料理、タマゴ豆腐や茶わん蒸し、だし巻きタマゴがつくられる。また、カスタードプリンも同じ原理でつくられる。もしタマゴがなかったら大半のお菓子とケーキ、パンは存在しなかっただろうし、料理も味気ないものになっただろう。

ところでタマゴを冷凍できると便利なのだが、冷凍タマゴを目にしない。なぜだろう?

理由は凍らせるとタマゴが割れることにある。解凍後にも問題があり、生タマゴでは白身はもとに戻るが、黄身は固まったまま、一方、ゆで玉子では白身は固まったままだが、黄身はもとに戻る。なかなか両立しない。

ところが全卵を均一にしてから凍結すると解凍してもこのような不都合は起こらない。たとえばウッカリしてパックを落としたときなど、よくかきまぜてから冷凍庫に入れればよい。雑菌が混入しても食べるとき加熱すれば危険性はなくなる。

また、凍らせた状態で真空中に置くと水分だけが失われる。これを「凍結乾燥（フリーズドライ）」という。加熱による乾燥と異なり、本来の品質を維持できることからさまざまな分野で利用されている。凍結乾燥によってタマゴが粉末全卵、粉末卵白、粉末卵黄にされ、水や湯を加えると速やかに元の状態に戻ることから加工食品の原料になっている。

ところで卵殻はどのように活用されているのだろう?　卵殻カルシウムの特徴は鉱物由来の無機リン酸カルシウムと異なり多孔質であることから体内に吸収されやすいということである。実際、「カルシウム強化」と表示されている食品の多くに卵殻の微粉末が入れられており骨粗鬆症を予防する効果があるとされている。ニワトリの配合飼料にも入れられている。もっともニワトリには歯がなく、餌が硬ければ筋胃で砕く。本来はここに小石や砂が入っていることから、粗い卵殻でもかまわないが。

また、天然素材であることから健康と環境への悪影響がすくなく、土壌改良材や肥料、飼料の原料にされ、学校などではフィールドライン（ライン引き）やチョークの原料としても使われている。意外な用途としてスノータイヤの滑り止め剤としても使われている。産業廃棄物として捨てられていた卵殻が有用な資源に化けた典型例である。ただ家庭からでる分は家庭菜園に使うくらいしかできないが。

第3部　牛乳とタマゴの未来の話

第9章　健康とのかかわり

経済成長がもたらした消費拡大

タマゴは価格が低く保たれたことから物価の優等生といわれる。牛乳の価格上昇も小さい。いずれにおいても生産コストを下げることで実現されたことである。その背景には品種改良によって驚くほど生産能力が高まったことに加え大規模養鶏と多頭飼育がある。

家庭に入り込むには低価格は重要であった。消費者物価指数においてはラフな比較だが一九五〇年（昭和二五年）と比べることができる。それによると物価上昇は八～九倍になっている。当時一〇〇円で買えたものが、今は八〇〇～九〇〇円するということである。当時、タマゴ一個と牛乳一合は一〇円程度であった（図6―1参照）。この間でタマゴの価格は一～二倍、牛乳は約四倍になった。本来、タマゴ一個が一～二円、牛乳一合が五円でなければならず、これを相対的に見ると当時は一〇円といえども相当高価な食材であったことになる。

しかし、それ以上に生活が豊かになったことが大きな要因になっている。同じ期間で大卒者初任給は二〇倍以上の増加である。明らかに消費者物価の上昇を上回って所得が向上したのだ。昭和二五年のエンゲル係数五七パーセントが今では二三パーセント台である。収入の半分が食費で消えている状況では食費をさらに増やすなどは不可能であった。それが可処分所得の増加で生活面が大きく変わることになった。

（旧）厚生省が公表した国民健康・栄養調査報告書によると、昭和二五年、一人一日あたりの摂取量はタマゴ（加工品を含む）六グラム、牛乳（乳製品を含む）七グラムである。タマゴは一〇日に一個、牛乳は一ヵ月に一合瓶一本程度であり、大半の人は口にしなかった。できなかったといったほうが正確だろう。

一九五八年（昭和三三年）、聖徳太子の肖像が入れられた一万円紙幣が発行される。戦後の混乱が終わり、高度経済成長のはじまりとされる一九六〇年（昭和三五年）でもタマゴ一九グラム、牛乳三三グラムだった。それが一〇年後の一九七〇年（昭和四五年）になるとタマゴ四一グラム、牛乳七九グラムとなる。ともに二倍を超える大幅な増加である。同じ一〇年間で大卒者初任給は二・六倍になっている。このように所得が向上すると畜産物の消費が増え、タマゴの消費水準は現在とほぼ同じになった。一方、これ以降も牛乳の摂取量は増えた。それはなぜだろう？

一九六〇年（昭和三五年）以降の一〇年間で暮らしを大きく変えたものとして電気冷蔵庫がある。それまでの普及率ゼロパーセントが一気に一〇〇パーセントに近づいたのだ。初期の冷蔵庫は一〇〇リットル程度と小型であったが、ほぼすべての家庭で冷蔵保存が可能になった。まだ冷蔵食品は少なく、おもな使われ方は食べ残しの保存であったが。ここで注目されるのは、小型とはいえ、既に扉の上部にはタマゴを置く専用の棚が設けられていたことである。

この頃になると都市部でスーパーマーケットが開店している。一ヵ所ですべての食品が入手可能になると消費者の購買行動も大きく変わることになった。主婦の日課となっていたその日の食材を買い求める必要がなくなり、もはやタマゴを一個単位で買う消費者はいなくなった。だが牛乳は依然として一合瓶で売られていた。

タマゴの流通では必ずしも冷蔵庫を必要としなかったのだが、牛乳では事情が全くちがっていた。品質を保った状態で各家庭に届けるには牛乳処理場とコールドチェーンで結ぶ必要があるからである。コールドチェーンの完成は都市部では早かったが、農村部では遅れた。(旧)総務庁による国勢調査をみると国土の九七パーセントが農村である。このため日本全国で牛乳が入手困難な地域が多数存在した。一九七〇年(昭和四五年)でも農村で暮らす人が人口の三割である。多くは牛乳を口にすることができなかったのだった。

いまはどうか? 全国がコールドチェーンで結ばれ、恩恵を受けられない地域はわずかだ。それは自動車の普及で解消された。一リットルパックなどは冷蔵庫の大型化と自動車が普及したことで一般化したものである。スーパーでの購入が一般的になると街の牛乳屋は姿を消し、毎日宅配される牛乳をその日のうちに飲む習慣もなくなった。そしてターミナル駅に必ずあったミルクスタンドはジューススタンドに代わった。

現在、一人一日あたりの牛乳摂取量は一八〇グラムに近づいた。とはいえ昔もいまも一回に飲む量はコップ一杯で、一人一日あたりの消費量は変わらないのだ。飲用する人数が増えたことで増加したのである。裏には牛乳嫌いの減少がある。

その背景に、一九五二年（昭和二七年）に学校給食法のもとで制度化された学校給食がある。最初は脱脂粉乳が原料であったため嫌う児童はいたが、しばらくして牛乳に変更され、もはや飲まず嫌いの人はいなくなった。このように学校給食が牛乳の普及に果たした役割は大きかった。その世代がいまの社会の中核である。また、牛乳を飲むと、かつては「お腹が痛くなるもの」と信じられていた。その原因となっていた乳糖不耐症も少なくなった。

ところでアイスクリームは牛乳と対極にある。消費が減る一方だからである。冷蔵庫が一般家庭に普及すると、つぎに大型化と冷凍能力の強化がはかられた。なお、冷凍能力はスター（星の数）で表示され、ワンスターはマイナス六度Ｃ、ツースターはマイナス一二度Ｃ、スリースターはマイナス一八度Ｃを保てる。ワンスターがスリースターになったのだ。

マイナス一八度Ｃに保つことができるとアイスクリームでもかなりの期間保存できる。ところが売り場を見ると依然として一回で食べる量単位で売られている。米国のように一リットルや五リットル単位で売らないと日常の食べ物にはならないようである。

チーズとアイスクリームの消費も所得の向上と冷蔵庫の普及に伴って拡大した。もはや乳製品を贅沢な食品と思う者はいない。種類が増えて好みのものを選択できる。加工食品で原料となるタマゴや牛乳を特別視する者もいない。

このように暮らしが豊かになったことで、いまやタマゴと牛乳は普通の食べ物となった。所得の向上と冷蔵庫の普及がなければ考えられないことである。しかし、わずか半世紀前までは大きく違っていた。病人に牛乳を与え、病気見舞いにタマゴを持参するなど、滋養に富む特別な食材としてあつかわれていたのだった。

なお一合瓶とは約一八〇ミリリットルが入る牛乳専用につくられたガラス製の容器のことである。飲みやすいように広口になっていてキャップは紙製であった。いまでも最小の小売り単位が二〇〇ミリリットルになっている理由でもある。

尺貫法は一九六六年（昭和四一年）の改正計量法によって使われなくなったが、生活慣習に基づいて決められた計量の単位で古くから日本で使われてきた。一合とは、「一人一食で食べる分の米の容量」から決められた。一合升（ます）に約一五〇グラムの米が入った。これが牛乳であれば約一八〇ミリリットルとなる。最も小さな容量を量る計量器が一合升で、取引の最小単位となっていた。一九六〇年（昭和三五年）では毎日一人で平均して米二合強（約三六〇グラム）を食べていたことになるが、いまは一合程度（約一六五グラム）となっている。ここからも食生活に変化があったことがわかる。

カルシウムからみる牛乳・乳製品

厚労省は、日本人の食事摂取基準（二〇一〇年版）で望ましい栄養素の摂取量を定めている。そのなかに栄養素ごとに男女別、年齢別などに分け、推定平均必要量、推奨量、目安量、耐容上限量が示されている。これによると日本人の食事では、ほぼすべての栄養素が推奨量を超えているが、唯一の例外がカルシウム不足である。成人で一日六五〇〜八〇〇ミリグラムが推奨量となっているが、実際の摂取量は五〇〇〜五五〇ミリグラムで二〜三割たりない。食事内容の関係から若者でカルシウム不足が多いといわれる。イライラの原因の一つにカルシウム不足があるとされ、切れやすさや注意力のなさ、根気のなさにつながっていなければよいのだが。

不足解消に期待されるのが牛乳であり、チーズやヨーグルトなどの乳製品である。これら以外でカルシウムの多い食品として小魚、大豆、野菜、海藻などがある。だが丸干しイワシやヒジキなどを毎日食べる人は少数だろう。

ところでカルシウムが有効に骨の原料として使われるにはビタミンDが欠かせないが、大豆、野菜、海藻にはとてもすくない。両者を含むものが牛乳・乳製品というわけである。そこで

（社）日本酪農乳業協会は3―A―Day（スリー・ア・デイ）活動を展開することにした。牛乳であればコップ一杯、チーズであれば二〇グラム（六Pタイプなら一切れ）、ヨーグルトであれば一〇〇グラムの何れかを毎食一品、一日に三回は食べようという内容である。牛乳に含まれるカルシウムは二三〇ミリグラム、チーズでは一三〇ミリグラム、ヨーグルトでは一二〇ミリグラムであり、これら三品で四八〇ミリグラム、一日に必要な三分の二を摂取することになる。なお推奨量を超えても問題はないようで、耐容上限量は二三〇〇ミリグラムとなっている。

成人の体内には約一キログラムのカルシウムがあり、九九パーセントが骨と歯として存在する。ところがカルシウムを十分摂取しても「骨粗鬆症は防げない」という意見がある。驚くには当たらない。骨密度は運動などで高められるもので、カルシウムだけで高めることはできないからである。

一番わかりやすい例が宇宙に長期間滞在した飛行士だろう、帰還後しばらく体を支えられないではないか！　骨に負荷がかからないとカルシウムが失われて骨粗鬆症となる。この防止が若田光一宇宙飛行士のミッション（課題）の一つになっていて、帰還後におこなわれた記者会見場に歩いて登場し、ミッション内容を知っている記者たちを驚かせた。運動することで骨の衰えを防げることを証明したのだ！　これなら私たちにもできる。

ただカルシウムは推定平均必要量を下回っても影響がすくないことも事実で、五〇年前まで平均的日本人の摂取量は一日三〇〇ミリグラム程度だった。推奨量の半分以下である。もともと日本の土壌は低カルシウム、水も軟水がほとんどである。そのため米に含まれるカルシウムはほぼゼロである。同時に米を多食したことで摂取タンパク質も慢性的に不足していた。

このように骨の原料となるカルシウムとタンパク質（必須アミノ酸）が決定的に不足していたにもかかわらず、大きな障害は見られなかった。その理由は体を常に動かしていたからだろう。移動は徒歩、厳しい仕事を肉体労働でこなすなど、日常の暮らしが結果的に骨を鍛えることになっていたからである。

江戸時代、婦人であっても江戸日本橋から京都三条大橋までの東海道（約四九二キロメートル）を一二日から一五日で歩いたという。一日あたりにすれば四〇キロメートルにもなり、その健脚ぶりは驚くべきことである。全国地図を完成させた伊能忠敬が蝦夷(えぞ)に向けて江戸を出発したときは五六歳、九州へは六五歳であった。約一〇年間で歩いた総距離は地球一周分にもなるという。このように老人に近づいたといえども健脚であった。また、先に「牛が田畑を耕した」と述べたが、これは農作業のほんの一部に過ぎず、大半を手作業でこなしたのだった。いずれにおいても骨が丈夫でなければ不可能な事柄である。

それでもカルシウムとタンパク質の不足が無関係というわけではなく、身長をみると久しく成人男性で一五〇センチメートル、戦中でも一六〇センチメートル程度だった。このわずか半世紀で成人男性（三〇歳代）は一二センチメートル、女性で一〇センチメートルの身長差が生じ、それも年ごとにかつての身長との差が拡大してきたのだ。文科省が一四歳児の男女で身長を調べた結果はより明確である。一九五〇年（昭和二五年）からのわずか一〇年間で男性の身長は八センチメートル、女性で四センチメートルも高くなったのだ。そしてこの急速な長身化は一九七〇年（昭和四五年）頃まで続いた。

戦後にみられた長身化を遺伝的な要因では説明できないが、栄養面からみれば説明できる。全国の小学校で学校給食がはじまったのが一九五二年（昭和二七年）、牛乳の消費拡大は昭和三〇年代、それにともないカルシウム摂取量も増加したからである。身長が伸びるのはおおよそ二〇歳までで、この間の栄養状態に大きく左右される。長い間、日本人の身長が低かったのは遺伝によるものでなく、たんに栄養状態が悪かったに過ぎなかったのだ。それではさらに日本人は長身化するだろうか？　各種の統計を見るかぎり現在の身長が限界のようである。

縄文人から弥生人に移行する頃から米が主食になる。それまでの多様でバランスのとれていた食事が変わる古墳時代から途端に日本人の低身長化が顕著になる。これなども米中心の食事にはタンパク質とカルシウムの不足という欠陥があったことを端的に示す事実である。

明治初期に欧米を訪れた日本人の驚きの一つが体格の違いであった。欧米では古くから良質のタンパク質と十分なカルシウムを畜産物から得ていた。当時、栄養と体格との関係はわからなかったのだろうが、畜産物が中心になっている欧米の食事をするうちに日本食の欠点に気づいたのだろう。その筆頭が岩倉具視であり福澤諭吉である。

宇宙飛行士の経験を待つまでもなく、破骨細胞が絶えず古くなった骨をこわし、骨芽細胞が修復を繰りかえしている。これに必要な必須アミノ酸とカルシウムが不足すれば骨の形成は妨げられる。これに運動不足が加わると頑丈な骨にならない。栄養が満たされ、丈夫な骨であれば身長は高くなり、また、高齢者で問題になる骨折も防げる。

米国で始められた５―Ａ―Ｄａｙ（ファイブ・ア・デイ）は、「一日五皿分（三五〇グラム）以上の野菜と二〇〇グラムの果物を食べましょう」というキャンペーンである。米国で四大生活習慣病（肥満や高血圧、心臓麻痺、糖尿病）を防ぐために始められたが、一方、日本でも野菜がカルシウムの供給源になっていることを忘れてはならない。農水省によると野菜の摂取量は年々減少傾向にあるからである。

牛乳が生む不快感

牛乳が健康に良いとわかっていても、飲用後、お腹がゴロゴロするなど不快感を訴える人がいる。かつては牛乳不耐症といわれ、原因が判明した現在では乳糖不耐症といわれる。

離乳すると乳糖を分解する酵素ラクターゼ（βガラクトシダーゼ）は不要となり、小腸からなくなる、もしくは極端に少なくなるのが正常である。なぜなら牛乳を口にする人類を例外とすると、離乳後においても乳を日常的に口にする動物はいないからである。したがってほとんどの動物で離乳後にラクターゼがなくなっても問題にならない。

ラクターゼをなくした人が牛乳を口にしたら何が起きるだろう？　乳糖は未分解の状態で大腸に運ばれ、さまざまな不快感を生むことになる。だがこれも正常である。

ところで古くから牛乳を利用してきた民族と西洋人には乳糖不耐症はマレで、逆に牛乳を利用しなかった民族と日本人の大半は乳糖不耐症である。このように食生活によってラクターゼの有無に違いがでるのだ。日本で乳糖不耐症が問題になったのは、戦後、それも牛乳の飲用が一般化してからである。

乳幼児にも乳糖不耐症がある。ただ、ラクターゼのない場合とラクターゼはあるがガラクトースを利用できない場合（ガラクトース血症）の二種類がある。いずれにおいても乳糖を他の糖に置き換えればよく、乳糖を除いた粉ミルクが市販されている。

乳幼児以外における乳糖不耐症はラクターゼがないことが原因であるが、病気とはいえない。食中毒や牛乳アレルギーなどと異なり、消化されずに大腸に達した乳糖を腸内細菌が分解することで生まれる不快感だからである。乳糖によって浸透圧が高くなることで便から水分がなくならず（軟便、水様便）、発生する炭酸ガスが腸内を移動し、腸内細菌が酢酸などの刺激物を生産する。このことでお腹が張る、ゴロゴロする、腹部に痛みを感じる、下痢などの症状がでる。覚えておくべきは、健康のために牛乳は必須な食材ではないことである。

乳糖不耐症は小腸で乳糖を分解できないことが原因で起こる。そのため診断には乳糖を服用することになり、日本では一回三〇グラム、欧米では五〇グラムが使われる。ここで問題となることは乳糖三〇グラムとは牛乳〇・六リットル、つまりコップ三杯分に相当することである。これを一気に飲む人はまれだろうと思われるのだが。

ある研究で健康な五〇人あまりに乳糖三〇、四〇、五〇、六〇グラムを飲ませて何が起きるかが調べられた。三〇グラムでは全員が無症状であった。ところが量が増えるにしたがい乳糖不耐症の症状を訴える人が多くなり、それも六〇グラムでは半数を超えたという。当然といえば当然で、実生活とかけ離れた牛乳分の乳糖を飲めば、誰でもが乳糖不耐症と診断される可能性が生じる。コップ一杯（乳糖九～一〇グラム）の牛乳で不快感を訴える人はごく少数である。

乳糖不耐症であっても普段の生活に何の支障もなく、牛乳を飲まなければ症状はあらわれない。ただ乳糖不耐症のなかで二割程度いるとされる重症者は薬剤に注意する必要がある。製剤のため乳糖を加えた薬剤が多いからである。薬を服用したあとで下痢をする人などは乳糖含有の有無を医師や薬剤師に尋ねることである。薬が効いても乳糖で体力を消耗しては元も子もない。

ただ学校給食で育った世代に乳糖不耐症は少数といわれ、高齢者に多いことから食事内容のちがいにも原因があるようだ。一九五二年（昭和二七年）、全国の小学校でパンと牛乳（ただし脱脂粉乳）、おかずという完全給食がはじめられ、昭和二〇年代以降に生まれた者はほぼ毎日牛乳を飲んでいた。

ところが五〇年前の一人あたりの牛乳消費量は今の三割にも満たず、一九四五年（昭和二〇年）以前に生まれた者は若いとき牛乳を口にすること自体がマレだった。牛乳を飲む習慣のなさと乳糖不耐症とは関係するといわれ、問題にならなくなる日もくるだろう。

それでもカルシウム供給源として牛乳・乳製品は大切であり、また、乳糖は大腸に生息する善玉菌の食べ物になっていることを忘れてはならない。病的な乳糖不耐症者以外は不快感を理由に牛乳を口にしないことは得策といえないだろう。

不快感をもたらさないで摂取する方法として乳糖を分解した牛乳にするか（市販されている）、チーズを食べるとよい。先の3―A―Ｄａｙ運動でいうチーズ一日二〇グラムなら乳糖の含有量は〇・三グラム以下である。また、ヨーグルトでは乳糖の一〇～三〇パーセントが分解され、予防効果が期待できる乳製品である。

最も簡単な方法が朝と夜にコップ半分程度の温めた牛乳を飲むことである。これを一週間程度ためしてみることだ。一回に飲む量をへらせば炭酸ガスと酸性物質の発生はすくなくなることで不快感は大幅に軽減される。温めるにも手間はかからず、電子レンジで「チーン」するだけだ！

お腹のゴロゴロ感と腹痛は冷たさによることが大きく、冷たさに過敏な人であればコップ一杯の冷水を飲んでもなる。

バターとトランス脂肪酸

マーガリンは一九世紀にフランスで発明され、二〇世紀初頭に国産化された人造食品である。バターにくらべ軟らかく使いやすいことが特徴である。冷蔵庫に入れておいたバターは硬くて使いにくい。そのうえ高価なバターに対してマーガリンは安価であり消費者に受け入れられやすかった。これが急速に普及した背景にあった。

マーガリンは、菜種、大豆、トウモロコシなどの植物油が原料であるため安価である。植物油は不飽和脂肪酸が多いため常温で液体だが、水素を添加して飽和脂肪酸に変えると固体化する。水素添加の度合いを調節することで硬さを調節でき、使いやすいマーガリンとなる。

ところが水素添加の欠点は、心疾患や脳梗塞のリスクを高めるトランス脂肪酸ができることである。天然型はシス脂肪酸である。トランス脂肪酸は人工産物で、本来の植物性脂肪にはとてもすくないのだ。その危険性が指摘されるのは二〇〇三年頃と比較的新しい。諸外国ではトランス脂肪酸含有量の表示を義務づけている国が多い。どれくらい食品に含まれているのだろう?

食品安全委員会による平成二二年度食品安全確保総合調査を見ると、トランス脂肪酸含有量は食用油で一・四パーセントだが（平均値）、マーガリンにすると七・〇パーセント、ショートニングだと一三・六パーセントにもなる！　一方、バターに含まれるトランス脂肪酸は二・〇パーセントである。植物油より少し多い。理由は牛の胃で微生物による水素添加があるためである。牛肉にも〇・五パーセント含まれるが、これ以外の肉では皆無に等しい。

外食産業では水素添加によって酸化しにくい植物油が使われている。さらに加熱によってもシス脂肪酸がトランス脂肪酸に変わる。このことでフライドポテトやドーナツなど、揚げ物でトランス脂肪酸の多いことが知られている。世間から批判され、世界最大の外食チェーンが油脂の変更を表明したのは二〇〇七年である（米国における一部の店舗だが）。そのために飽和脂肪酸であれば水素を添加しなくてよいことから常温で固体のパーム油（アブラヤシの油脂）が使われることになった。

健康への被害が懸念される事態となり、ＷＨＯなどの報告書はトランス脂肪酸を摂取カロリーの一パーセント未満にするよう求めている。平均的日本人では一日の摂取量は二・二グラム以下が望ましいとなるが、いまは一・五グラム程度といわれる。しかしながら一日三グラムを大幅に超える欧米では食品に含有量の表示を義務づけ、過剰摂取に注意を喚起している。昔のことだが「マーガリンは健康に良い」と聞いたことがある。誰がいったのだろう？

同じように「動物の脂肪は体に悪いが、植物油なら大丈夫」と信じている人が多い。ところが国立栄養研究所の比較試験で、ラットの生存率に全く正反対の結果が出た。それも驚くほどの差で。植物油摂取群の死亡ラットの大半で血管障害が見られたのだ。両者のちがいは動物脂肪には飽和脂肪酸が多く、植物油には不飽和脂肪酸が多く含まれることである。不飽和脂肪酸は酸化されやすく、とくに体内で発生する活性酸素によって容易に過酸化脂質になる。活性酸素は有毒で、これを無毒化する酵素スーパーオキサイドディスムターゼ（ＳＯＤ）はあるが、加齢にともないすくなくなる。

リノール酸は必須脂肪酸で、強化した植物油も販売されている。しかしリノール酸は不飽和脂肪酸で、過酸化脂質になりやすいことに変わりはない。また、天ぷら油などでは一五〇度Ｃを超えると酸化しやすく、何回も繰りかえし使用すると茶色に変色するのも酸化が進んだ結果で、「古い油は体に悪い」は真実である。

リノール酸といえども、過酸化脂質になれば細胞内に取り込まれる。核のＤＮＡを損傷する作用があることで発ガンの原因になり、また、酸化されたコレステロールは動脈硬化の原因といわれている。植物油が全面的に体に悪いわけではないが、畜産物の油脂は思ったより悪くないというのが結論である。飽和脂肪酸も過剰に摂取すればインスリンの分泌が低下するなどの悪影響があらわれる。糖尿病のおもな原因はインスリン不足である。

ところで二〇〇七年から〇八年にかけて、突然、マーガリンが値上がりした。記憶している人もいると思うが、原因はＥＵで菜種油をジーゼルエンジンの燃料にしたためだった。バターの年間生産量は八万トン、これに対しマーガリンは二三万トンである。マーガリンの七割が業務用であり、食品に入れられる。意外に多くを無意識のうちに口にしていることがわかるだろう。脂肪と砂糖が食欲を増進させる二大要素で、これらに人はとても弱い。

いずれにしても脂肪の摂りすぎは避けるべきで、生活習慣病の多い国では日本の二〜三倍の摂取量になっている。ケーキが別腹に入るといわれる理由は、脂肪は砂糖と並んで強い食欲増進作用があるからである。

悪玉コレステロールとタマゴ

タマゴ一個に含まれるコレステロールは約二〇〇ミリグラムである。日本人の栄養摂取基準（二〇一〇年版）は摂取基準を一日あたり成人男性で七五〇ミリグラム、女性で六〇〇ミリグラムとする。ひところ世間で「タマゴを食べると高血圧や心筋梗塞になる」と騒がれ、平均すると一人で年間三〇〇個程度のタマゴを食べる日本人にとって確かに気になる内容であった。だがタマゴにとって、とんでもない濡れ衣だった。

コレステロールは細胞膜の構成成分であり、ステロイドホルモンの必須原料である。また、脂肪酸の吸収に必須な胆汁酸になり、欠かせない栄養素になっている。食品由来のコレステロールが全体の八分の一から四分の一、残りは肝臓でつくられるとされる。食品からの摂取が増えると肝臓は合成をひかえるため血中濃度は一定に保たれ、タマゴを食べてもコレステロール濃度は変化しない。じつはコレステロールを食べなくても三大栄養素を原料に体内でつくられるのだ。

コレステロールと脂質が血管表面に沈着すると血球成分がそれに付着することで血栓ができ、はがれると心臓や脳などで毛細血管をつまらせ心筋梗塞や脳梗塞の原因となる。高比重リポタンパク質（ＨＤＬ、善玉コレステロール）と低比重リポタンパク質（ＬＤＬ、悪玉コレステロール）が問題となる種類である。ＬＤＬは肝臓からコレステロールを組織に運ぶ役目、ＨＤＬは組織から肝臓に戻す役目を果たす。そのうちＬＤＬはコレステロールが多く、血管をつまらせる原因となることが多いと考えられた。このことから「タマゴを食べると健康に悪い」となったのだろうが、そのような事実はなかった。

厚労省の研究では、タマゴを毎日食べる人とほとんど食べない人のあいだで「心筋梗塞の発生率、血中コレステロール値に差はない」という結果だった。日本動脈硬化学会も、七五歳以上を対象とした研究で、「悪玉コレステロールと脳梗塞や心筋梗塞のリスクのあいだに関連性がない報告が多い」としている。世界でおこなわれた研究結果も「毎日一、二個なら健康上で問題なし」である。ある研究では二一人が六週間毎日二個のタマゴを食べたが、食べなかったグループと悪玉コレステロール値は変わらなかった。

多くの研究が示すことは、悪玉コレステロールは食事より運動および飲酒、また、肥満、糖尿病などの生活習慣病の影響を受けやすいということだ。何でも一つの食材と関連させなくてもよいと思うのだが。毎日一個のタマゴが悪玉コレステロールを増やす証拠などは永久にでないだろう。どうして先の騒ぎとなったのだろう?

そもそもこの発端となった研究は、一生に一個のタマゴも食べないウサギに食べさせたものである。劇的な症状が出ても不思議はなかったのだ! これまでの知見からするとタマゴのコレステロールが悪いのは草食動物に限られるようである。なによりも草食動物の結果を雑食性である人に当てはめることが不適切だったのだ。

長寿者で善玉コレステロールの多いことは事実だ。ただ解釈は難しく、長寿になると善玉コレステロールが多くなるのか、善玉コレステロールが長寿をもたらすのか判然としない。これを因果関係というが、自然科学では一方を変化させ、他方の変化を観察することでハッキリさせる。人体実験は許されないので架空の実験となるが、善玉(か悪玉)コレステロールを増やして寿命を調べるか、反対に善玉(か悪玉)コレステロールを減らして寿命を調べることで明らかにしなければならない。疫学調査には限界があるといわれる理由だが、因果関係が認められると、なぜ関係があるのかを解明するきっかけになる。

ところでタマゴのコレステロールはヒナのためのもので、新しい細胞をつくるため大量に必要なのだ。おそらくニワトリは「人間が勝手に騒いでいる」と思っていることだろう。善玉悪玉と決めつけるのは間違いで、両者ともなくてはならないからである。

同じ理由からコレステロールは魚類を含めたタマゴ類と白子、それに肝臓（レバー）などのモツ類に多い。シラスや煮干しなども多い種類となる。避けるのであれば植物性では穀類と野菜、果実、動物性では肉と牛乳にすることとなる。

コレステロールを原料にしてつくられる副腎皮質ホルモンは生命維持に欠かせない。タマゴはコレステロールを減らす不飽和脂肪酸とレシチンを含む。レシチンは悪玉コレステロールをビタミンCの存在下で胆汁酸に変える。これらを考慮すると毎日一個程度なら害とは考えられず、むしろ健康に良いといえるだろう。

畜産物で満たす栄養とは

三大栄養素は炭水化物とタンパク質、脂肪のことで、カロリー摂取の中心となる栄養素である。脂肪を除くと蓄積量はすくなく、毎日の食事で摂取することが求められる。日本人の食事摂取基準（二〇一〇年版）は、「摂取カロリーのうち、平均的日本人の成人においては炭水化物から五〇パーセント以上七〇パーセント未満、脂肪から二〇パーセント以上二五パーセント未満、タンパク質は一日六〇グラムが望ましい」とする。毎食、この範囲を大きく超えて偏ると、必要な栄養を摂取できないことがあるからだ。

五〇年前まで日本では炭水化物のカロリーが七〇パーセントを超えておりタンパク質は大幅不足、必要量を満たせず体格が劣り、そのうえ短命であった。

そして最大の悩みは脚気であった。先に述べたように脳と神経がエネルギー源とするのはブドウ糖のみである。炭水化物（白米）を多食したことでブドウ糖の代謝に必須なビタミンB（1）が決定的に足りず、半世紀前まで脚気が国民病になっていた。

だが、このようなことを考えて食事をする人は少数で、大半は何も考えないで食べている。それも当然で、食文化とは古くからの経験に基づいてつくられたもので、普段の食事をしていれば健康上で不都合は生じないはずなのだ。

ところがコーラやハンバーガー、フライドポテト、ポテトチップスなどのような従来の食文化と違う食事や食品が増えると事情が変わり、ファストフードが一般的になると青少年でも高血圧、糖尿病、肥満が顕著になった。高脂肪・高糖分・高塩分・ミネラルとビタミン不足だからだが、栄養バランスの悪いインスタント食品やレトルト食品による影響も大きいとされている。

炭水化物は絶対必要な栄養素だが、これを畜産物に期待する人はいない。畜産物に期待する栄養素はタンパク質、なかでも必須アミノ酸である。必須アミノ酸はタンパク質から得るしか方法がない。平均的な成人が一日に必要なタンパク質は六〇グラムとされ、さらに個々の必須アミノ

必須アミノ酸	所要量[1]（1日あたり）	タマゴ[2]（50g）	牛乳（200ml）	豚ロース（50g）	充足率[3]（%）
ヒスチジン	600	155	176	430	127
イソロイシン	1,200	305	340	430	90
ロイシン	2,340	500	620	750	80
リジン	1,800	445	520	850	101
含硫アミノ酸[4]	900	345	220	365	103
芳香族アミノ酸[5]	1,500	600	540	700	123
スレオニン	900	290	260	445	111
トリプトファン	240	90	82	115	120
バリン	1,560	385	400	465	80

1：所要量：体重60kgの成人の場合（WHO/FAO/UNU評価パターン）
2：Mサイズの鶏卵（卵白と卵黄の合計）
3：摂取量÷所要量
4：メチオニンとシスチン
5：フェニルアラニンとチロシン

表9―1　畜産物から得られる必須アミノ酸（単位：mg）

酸においても必要量が決められている。

ここでは表3―3に示したWHO／FAO／UNUによる摂取必要量をもとに、一日にタマゴMサイズを一個食べ（可食部として五〇グラム）、牛乳をコップ一杯（二〇〇ミリリットル）飲み、豚肉を五〇グラム食べたときの必須アミノ酸の充足率を求めた。なお豚肉を魚肉や牛肉、鶏肉に代えても結果は変わらない。また、価格はタマゴ二〇円、牛乳四〇円、豚ロースは七〇円程度で一日一三〇円の出費と無理のない範囲といえるだろう。

表9―1から、一日一三〇円程度の出費で必要な必須アミノ酸をほぼ摂取できることがわかる。わずかにバリン、ロイシン、イソロイシンは不足するが、豚肉を一切れ

増やすと完璧に充足する。試しにタマゴのみ、牛乳のみ、タマゴと牛乳を例に計算すると、充足率のひくい必須アミノ酸がわかる（制限アミノ酸）。肉の特徴は、タマゴと牛乳で比較的すくないヒスチジン、イソロイシン、ロイシン、リジンが多いことだ。このように数種類の畜産物を組み合わせることで過不足が劇的に改善される。タマゴは理想的なアミノ酸バランスだとされていても量的に十分とはいえないのだ。

それでは現実の摂取量はどうだろう？　これには厚労省が調査して公表する国民健康・栄養調査に頼らざるを得ない。しかし、それも調査対象は全国で約六〇〇〇世帯の約一万八〇〇〇人、一一月のある任意の一日の食事（かつては三日間）、牛乳とタマゴは多くの食品に入っているが考慮されないなど正確さにかける。一一月の一日の食事が年間の平均的食事を代表しないことは明らかである。そもそも敗戦後の劣悪な食事を調べる目的で始められた全国調査なので、今回の目的に合わないのは仕方がないのだが。

それを承知のうえで結果をみると、一日あたり牛乳一二四グラム、タマゴ三六グラム、肉類八三グラムであり（二〇〇七年）、必要とされる必須アミノ酸をほぼ畜産物でまかなっていることがわかる。これに魚介類を加えると全く心配ないレベルにある。しかしながら、この状態になったのは半世紀前からで、五〇歳以下であれば貧しい生活を経験していないだろう。本当の食料事情の悪さの経験者は戦前の生まれ、その多くは七〇歳を超える。

ところで畜産物がなくなれば国民の栄養において重大な事態を招くことになるが、日本では架空の話でない深刻さがある。なぜなら『食料・農業・農村白書』が述べているように、畜産物のうち純粋に国内産分はわずか一六パーセント程度だからである（畜産物自給率）。国産飼料で豚とニワトリ、牛は飼えない。魚介類においても自給率は五〇パーセント台、それも減少過程にある。優れたタンパク質の大半を海外に頼るなどは安心・安全と思えない。

アミノ酸を蓄えることができないこととも関係するようだが、肉と小麦を主食にしてきた民族が、なぜタマゴと牛乳にこだわったか理由がわかるような気がする。それにしても一日一三〇円程度で必須アミノ酸が十分得られるとは驚きでないか！

戦後一貫した変化に長寿化がある。いまでは男女とも世界一である。医療技術の進歩によることも大きいが、何より栄養状態の改善がなければ実現しなかっただろう。

図9―1は、厚労省による生命表に基づき一九四七年からの平均寿命を男女別にグラフ化したものである。直線は単純な回帰直線であり、傾きが過去に起こったことの長期的な傾向を示している。これからわかることは長寿化が戦後直後から始まったこと、その傾向が一九九〇年まで続いたこと、それ以降ゆっくりとした進行に変わったことである。直線より下にある場合や上にある場合には何か理由があることになる。戦後になるまで平均寿命が男女とも四五歳を超えなかったのだから驚きの長寿化といわなければならない。

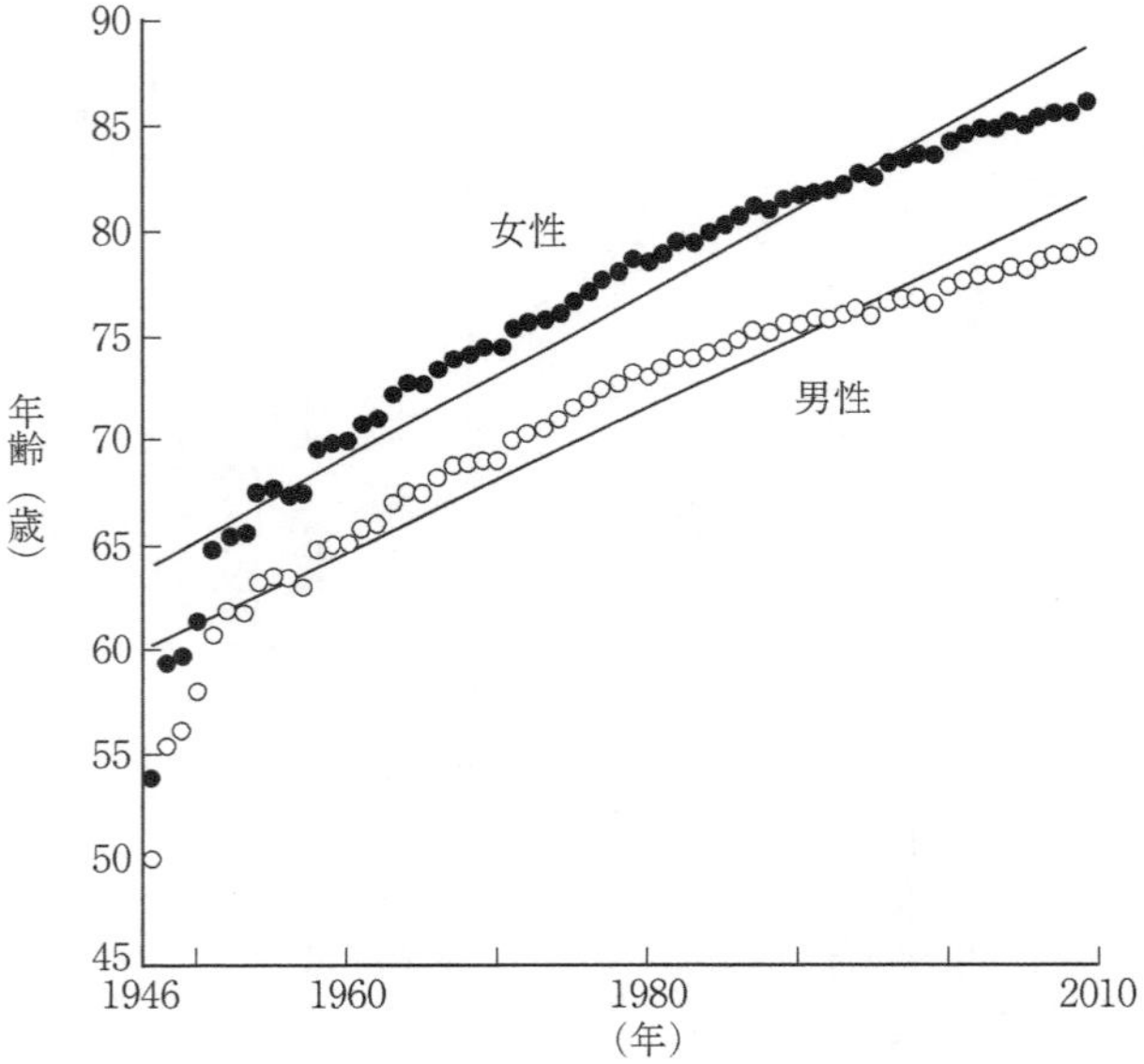

90
85
80
75
70
65
60
55
50
45
年齢（歳）
女性
男性
1946
1960
1980
2010
（年）

図9—1　寿命の推移

この変化に呼応するかのように栄養学的にバランスのとれた食生活に変わっている。炭水化物の過剰摂取の解消、それにともない食塩の摂取量は減少した。これが反映されたのであろう、一九五三年から一九八〇年まで死因の筆頭となっていた脳血管疾患による死者が大きく減少した。また、タンパク質摂取でも内容で変化が見られ、主体が植物性から動物性になった。その特徴は畜産物の大幅な増加である。これらの変化は一九九〇年頃までに起こったことである。「医食同源」が意味するように健康は栄養状態に連動することを教えている。

長寿化するにしたがいガンによる死者が増えることになった。高齢者が多くなると発ガン率が高くなることは避けられないことで、一九八一年から死因の一位になっている。発ガン率は年齢と強く関係し、現状の栄養状態との関連性は低い。ただ、日本では男性における胃ガンの減少、大腸ガンの増加、女性における子宮ガンの減少、乳ガンの増加が顕著である。これらは食生活が欧米化するとみられる変化であることが広く知られている。

これまで野生動物を家畜化することで生活を守り、畜産物を加工することで生活を豊かにしてきた。日本人はタマゴご飯やすき焼きを発明するなど、従来からの食事様式を大きく変えることなく畜産物をたくみに取り入れてきた。日本の歴史で、いまが最も恵まれた食生活の状態にある。明治の初め、体格の悪さを食生活にあるとした福澤諭吉や岩倉具視はいまの日本を見て何と思うだろう。

第10章　乳牛とニワトリの未来

コンピューターを必要とする遺伝学

一八六五年、メンデルは遺伝に一定の法則があることを発表した。しかし生前において学説が認められることはなかった。一九〇〇年、別々に研究していた三人の学者が学説の正しさを偶然に同じ年に発表、メンデル遺伝の再発見となった。学説は整理され、メンデルによる遺伝の三法則（優劣、独立、分離の法則）として知られている。メンデルの着眼点の素晴らしいことは、遺伝子が発見される一世紀前、すでにその存在を仮定して遺伝の仕組みを説明したことである。再発見が近代遺伝学の出発点で、わずか一〇〇年あまり前のことである。

メンデルが研究対象とした内容は一つの遺伝子が一つの形質を支配するものだった。そのうえ形質は遺伝子の種類（優性か劣性かなど）で決まり、環境の影響を受けなかった。私たちが知ることのできるのはあらわれた形質、つまり赤い花か白い花かなどで表現型といわれる。メンデルは表現型から遺伝子型を推定したのだ。ところが一つの形質に多種類の遺伝子が関与する場合や形質が環境の影響を受ける場合ではメンデルの理論はたいして役に立たなかった。

形質とは生物がもつ性質や特徴のことで、子孫に遺伝するものをいう。目で見えなくともよく、その一例が血液型である。一種類もしくは少数の遺伝子で支配されると「質的形質」、多種類の遺伝子で支配されると「量的形質」となる。量的形質では個々の遺伝子の役割がわからないことで一つのグループとしてあつかう。メンデルの理論は質的形質の遺伝は説明できたが、量的形質の遺伝には全く適用できなかった。通常、遺伝学の教科書が述べることは質的形質の遺伝についてである。ここでは量的形質の遺伝の特徴を見よう。

体重は軽い個体から重たい個体まで一グラム単位で変動し、乳量や産卵数も個体ごとに異なる。このように量的形質は連続して変化する特徴がある。その変化にも一定の規則性があり、程度ごとに個体数をプロットすると、裾野が広く、左右対称で釣り鐘状の曲線になる。つまり量的形質における変異は正規分布するのである。

もう一つの特徴は、量的形質では環境の影響を受けることである。これを遺伝学では、

表現型（Phenotype）＝遺伝子型（Genotype）＋環境（Environment）

とあらわす。

ここでの「＋」は「と」の意味で、「表現型（P）は遺伝子型（G）と環境（E）との相互作用で決まる」となる。もっとも、質的形質においてもP＝G＋Eは成り立つ。ただ、Eは限りな

くゼロに近いので、表面上、P＝Gとしてあつかうことができる。また、遺伝子型とすることで形質に関係する遺伝子が少数でも多数でも同じようにあつかうことができる。

遺伝子型（G）は両親から受け継ぐため受精の時点で決定され生涯変わらない。ところが同一でないのが環境（E）である。これを産卵数（量的形質）にあてはめると、たとえば一羽のニワトリに栄養学的に良質な餌を与えると多くタマゴを産み、劣悪な餌を与えると少なくなる。誰にでもわかることである。一羽のニワトリであるから遺伝子型（G）は同じ、したがって産卵数（P）は餌（E）の影響を受けたことになる。簡単ではないが環境（E）による影響を除くこともでき、遺伝子型（G）を推定できる。なお、遺伝学ではGをPで割った値（G／P）を遺伝率といい、品種改良上、最も重要な指標となっている。

量的形質では表現型（P）から遺伝子型（G）と環境（E）を推定する必要があり、多数の個体の成績（P）が集められる。データは正規分布するので統計学的にあつかうことができ、統計遺伝学、また、多数の個体をあつかうことから集団遺伝学ともいわれる理由になっている。適切に計画された実験で得られたデータ（P）であれば、統計学を使うことでPにおよぼすGとEの程度をかなり正確に知ることができる。

量的形質の遺伝でメンデル遺伝の限界がハッキリすると、統計遺伝学の理論的研究が始まった。なぜなら家畜で改良したい形質の大半が量的形質だからである。毛色や角の有無、血液型などは代表的な質的形質であるが、経済性を左右する産卵性、産肉性、産乳性などの量的形質のいずれとも全く関連性は認められない。血液型（質的形質）による性格分類（量的形質）なども根拠に乏しいのだ。ここでは産卵鶏を例に考えてみよう。

産卵数は量的形質である。しかし多ければ良い産卵鶏という単純なことではなかった。年三三〇個のタマゴを産むニワトリはつくれたが、現実は二八〇個程度で妥協している。その限界は卵殻にあった。卵殻の厚さは比較的遺伝しやすい形質である。だが、その厚くすることにも限界があり、多くの遺伝子が関係していたのだった。従来の考え方からすれば、卵殻の厚いタマゴでニワトリを選抜し、それに関係する良い遺伝子を選抜することになる。しかし現実には卵殻形成のすべての過程を生化学的に解明することが必要となり、いまのところ未解決となっている。このように妥協しなければならないこともあったが、関与する遺伝子をグループとしてあつかっても大半で問題にならなかった。

統計遺伝学の基礎理論は二〇世紀半ばまでに完成したといってよい。実際の分析では家系（血縁関係）を重視してデータが集められ、個々の量的形質においてGの関与する程度が明らかにされる。

なぜ家畜の改良で遺伝学者はGの推定にこだわったのだろう？　理由は単純で、Gの関与が大きければ遺伝的に品種改良できることになり、一方、Gが小さければ環境を良くすればよいからである。いまの品種改良ではGの大きさの程度に応じて改良方法が選択され、効率的に進めることが可能になっている。勿論、どの程度まで能力（P）を高められるかもGから予測できる。乳量（P）に関与する遺伝子は恐らく一〇〇種以上だろうが、これらをグループとしてあつかっても全く問題はなかった。その成果の一端を次に乳牛の品種改良で説明しよう。

高性能コンピューターの登場

量的形質の改良で基礎となる考え方を示そう。ここで関与する遺伝子数が一〇〇種あり、それぞれの遺伝子で「優れた遺伝子」と「中立的な遺伝子」の二種類あったとする。一〇〇の遺伝子すべてを優れた遺伝子が占めると最も優れた表現型（P）となり、すべてを中立的な遺伝子が占めると最低の表現型（P）となる。半々であれば中間値となる。自然の状態では、一般に中間値（平均値）およびその前後の個体が多数を占め、中間値から離れるほどすくなくなる。

優れた遺伝子が占める割合と表現型が関係することで、能力を高めるためには優れた遺伝子をより多くもたせればよいことになる。優れた遺伝子を多くもつ個体を交配用に残すと、その両親から生まれた子は優れた遺伝子を多く有することになり、優れた能力を発揮することが期待される。品種改良とは、このようにして優れた遺伝子の割合を世代ごとに高めることである。一気に改良できないことが量的形質の宿命になっている。

ただ、データ（P）から正確に遺伝子型（G）を推定することには困難があった。それは大量のデータを処理する必要があったからで、統計遺伝学による品種改良が威力を発揮するには高性能のコンピューターの出現を待たなければならなかった。このようなコンピューターが普及したことで統計遺伝学の理論も進歩し、それまで勘と経験でおこなってきた品種改良が科学的な裏付けをもとに進められることになった。また、同じ考え方にしたがって雑種にすることで生まれる効果も明確にできるようになった。結果を正確に予測できることで改良が格段に速く、かつ確実になったことはいうまでもない。

コンピューターがつくった乳牛

昭和五〇年代前半まで日本において一頭あたりの平均乳量は年五〇〇〇キログラム台だった。一九七五年（昭和五〇年）、泌乳能力改善を目的として国家レベルで本格的な改良事業がはじめられた。図10―1は事業開始以降の乳量の推移で、目覚ましい効果があったことを示している。しかしながら想像以上の困難があった。

まず優れた遺伝的能力の見極めは難しいことである。良質の餌を与えると乳量が多い乳牛に劣悪な餌を与えても多くを望めない。このように乳量（P）は遺伝的能力（G）と餌（E）で決まるからである。改良事業は遺伝的能力を高めることだが、環境が関係することで正確な評価が容

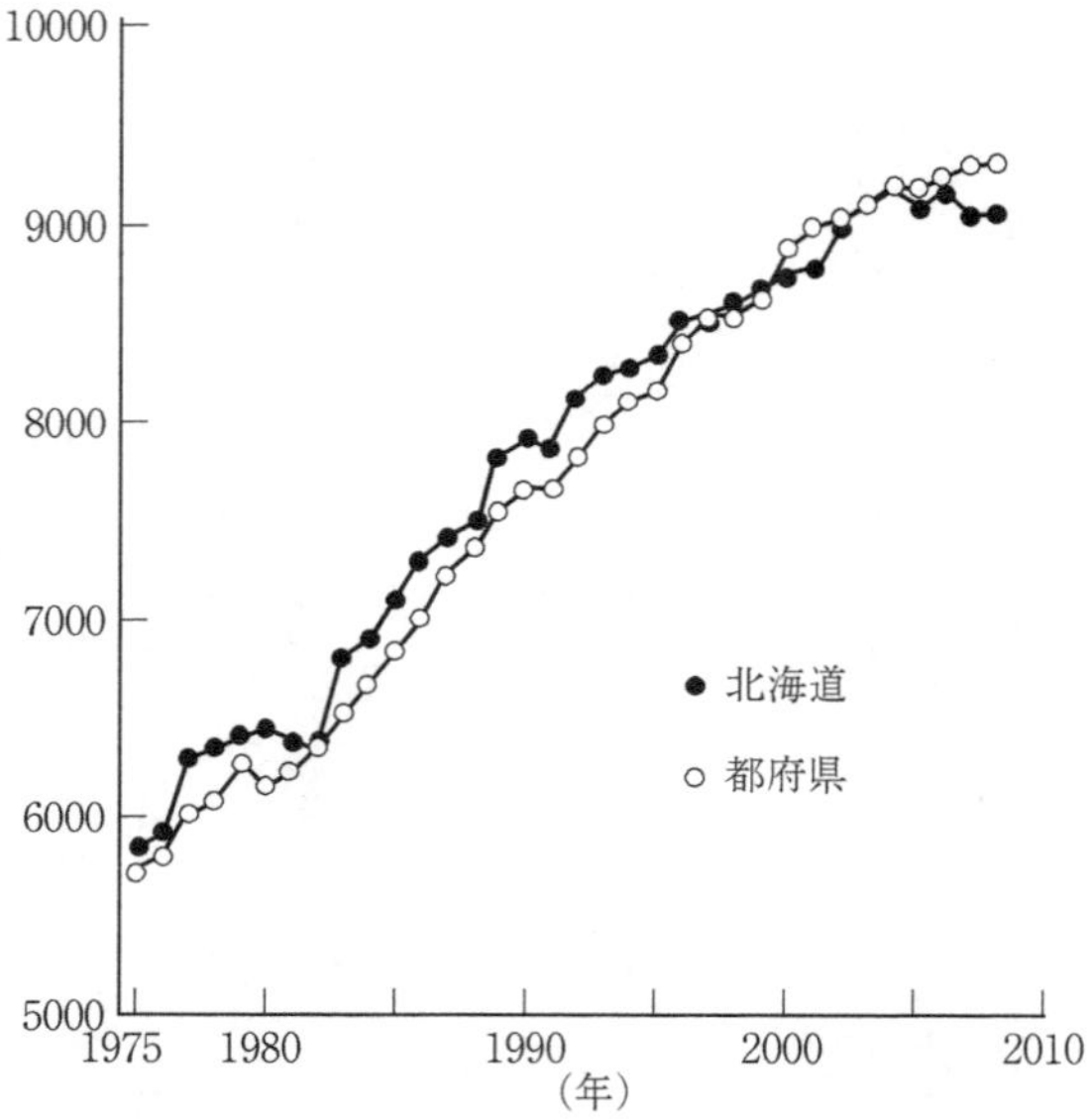
10000
9000
8000
7000
6000
5000
乳量（kg／頭）
● 北海道
○ 都府県
1975
1980
1990
2000
2010
（年）

図10―1　乳量の推移（kg/頭）

易でなく、さらに遺伝的能力に強く支配される形質、環境に強く影響される形質があることも評価を難しくした。なお、牛乳に関係する量的形質として乳量、乳脂肪率、乳タンパク質率、無脂固形分率などがあり、それぞれは独立した遺伝子型（G）を有し、また、餌（E）からの影響の程度も異なる。

乳牛では人工授精によって妊娠させるため、雄牛一頭が数万頭の娘牛の父親となる。日本で必要となる雄牛は一〇頭あまりで十分といわれる理由である。

雄親の影響がきわめて大きいのだが、泌乳能力を直接知ることはできない。そこで娘牛の泌乳成績から逆算して能力を推定することになる（後代検定）。ところが出産は一回一頭、すべて母親を異にする娘牛である（半兄弟）。遺伝的能力を推定するうえで効率が悪く、多数の娘牛を用意することで弱点を補わなければならない。

これがニワトリなら一羽の雄と一羽の雌から一〇〇羽規模でヒナが得られる（全兄弟）。ニワトリでも雄親の産卵能力はわからないが、雌親が同一であることから優れた雄親であれば子の産卵成績は雌親を越える。小規模でも正確に評価できるので、ニワトリの改良は私企業でもおこなえる。

子は遺伝子の半分を雄親、残り半分を雌親から受け取る。したがって父親とは半分が同じである。兄弟間で雄親からの遺伝子の四分の一が共通となり、兄弟間で能力がどのくらい似通っているかの程度も四分の一は雄親の影響となる。全兄弟では雌親が同じであるため遺伝的なちがいは小さいが、すべて雌親を異にする半兄弟では雌親由来の遺伝的性質が大きく異なる。半兄弟では雌親の遺伝的優劣が子の能力のちがいに大きく反映することになり、全兄弟と同等の正確さを得るには多数の雌と交配しなければならない理由になっている。なぜなら多数の雌親を使うとお互いの遺伝的な優劣および環境のちがいが相殺されてちがいをゼロにできるからである。一頭の雄牛を四〇〇頭の雌牛と交配すると、平均的な雌親一頭と同等となることがわかっている。

泌乳量改善は改良の主目的だが、乳脂肪、無脂固形分、搾乳のしやすさ、繁殖成績、飼料効率など十数項目が加わる。これらは独立した遺伝子群で支配されているのだが、ある項目をプラスにすると別の項目がマイナスになるといった現象がときとして起こり、すべての項目を優れた方向に改良できるものでもない。また、項目のなかには遺伝的形質の影響が大きいものと小さいものがある。このようなことから雄牛一頭の遺伝的能力を知るには最低でも娘牛二〇〇頭の泌乳成績を集めなければならない。子牛は雄雌半々、これが雌牛四〇〇頭と交配する理由である。

日本でおこなわれている乳牛改良の具体例をみるとわかりやすい。図10—2は種雄牛選抜で実際におこなわれている方法の概要である。

母牛群遺伝子型はわからないが、日本にいる雌牛のなかから四〇〇頭をランダムに選び平均すると母牛群間でほぼ等しくなる。環境の影響においても同様で、平均すると母牛群間で差がなくなる。勿論、交配させる雌牛の頭数が多いほど正確になるが、利点は想像するより小さい。

候補種雄牛は一からn（通常一八〇頭程度）まであるが、一頭につき交配相手を四〇〇頭にすることで遺伝子型と環境の影響のちがいを無視できる、つまり候補種雄牛間で母牛のちがいによる差をなくしたことになる。したがってそれぞれの娘牛の平均成績は父牛の遺伝的能力を反映したものになる（後代検定）。

最終的に娘の成績が比較され、種雄牛の順位付けがおこなわれる。ただし、雄牛によって乳量は多いが脂肪率が低い、乳量は少ないが脂肪率が高い、また、飼料の利用性に優れているなど異

候補種雄牛	1	2	3	・・	n
	×	×	×		×
雌牛群	1	2	3	・・	n
	↓	↓	↓		↓
娘牛群	①	②	③	・・	ⓝ

候補種雄牛：検定頭数は年約180頭
雌牛群：1群は約400頭（群間差をなくすため）
娘牛群：1群は約200頭（群間差が父牛の能力差）

図10―2　乳用種雄牛の選抜方法

なった特徴があり、いずれも個体ごとに明らかにされる。そのうちで図10―1は泌乳量における改良の進み具合を示していることになる。

最初に優れた遺伝的形質を備えていると思われる子牛を選ぶ（候補種雄牛）。頭数は毎年一八〇頭前後である。育成中、餌の利用性、強健性などいくつかが調査される。つぎに人工授精によって一頭あたり約四〇〇頭の子牛を得る。うち娘牛は半分で二〇〇頭、これが父牛一頭の遺伝的能力を評価するのに必要な頭数である。

娘牛が出産すると毎月一回、現場で一日分の牛乳を集める。このことからすべての娘牛のデータが集まるのは候補種雄牛の選出から約五年後となる。雄牛の遺伝的能力は娘の泌乳成績で判定され、候補種雄牛のうち上位約五〇頭が種雄牛として選抜される。なかでも上位一〇頭程度が重要とされる。これが毎年日本で生まれる乳牛の子牛一〇〇万頭の父親集団である。種雄牛は遺伝的能力が判明するころに廃用となる。しかし精液はマイナス一九六度

C（液体窒素）で保存することで、死後も必要なときに使用できる。

もう一度、先の図10—1を見よう。この成績は検定を受け、遺伝的能力が確かめられた種雄牛を父親としている。一九八〇年を過ぎたころから向上しているが、検定に五年を要することが関係している。最初の数年の成績は改良をはじめる前の能力に近い。それ以降から着実に増加していることがわかる。だが、もっと早く改良できないのだろうか？　当然の疑問である。

それは乳量の増加に関係する遺伝子がとても多い事情による。「優れた遺伝子」をより多くもった雄牛が選ばれたのだが、余りにも多数、かつ多種類であるため一挙に多くもたせることが難しいのだ。宿命ともいえることで、これが量的形質の遺伝的改良速度を遅くする原因になっている。

乳量以外でも乳脂肪で三・三パーセントから三・九パーセントへ、乳タンパク質で三・〇パーセントから三・二パーセントへ改良された。だが、すべてを遺伝的改良の結果とするのは誤りで、環境に含まれる要因、つまり栄養面の改善も大きいのだ。

種雄牛の遺伝的評価は「後代検定」でおこなわれている。一方、各酪農家が飼育する乳用牛の遺伝的評価は「牛群検定」で調べられている。

牛群検定では、各酪農家が飼育する全乳用牛において、個体ごとに泌乳量、乳成分率、体細胞数、濃厚飼料給与量、繁殖成績、体重などについて毎月一回調査される。後代検定における調査内容と分析方法はすべて同じである。完全とはいえないが乳用牛では戸籍が完備しているのだ。この調査で遺伝的泌乳能力と飼養管理の適切さを評価される。この結果に基づいて各酪農家は低能力牛の淘汰、飼養管理の改善ができることになる。後代検定は国家事業、だが牛群検定は酪農家の任意参加である。

後代検定で威力を発揮するのがコンピューターである。候補種雄牛一八〇頭×娘牛二〇〇頭×（調査項目十数種）×相互の関連性×サンプリング回数、さらに経済効果を取り入れて指数化し、遺伝的能力を評価することになる。牛群検定でも同様のことがおこなわれている。膨大な計算量となることがわかるだろう。初期に導入された高性能コンピューターはこの解析が目的であったし、いまも最新鋭のコンピューターが稼働している。このように乳牛は多くの人員と設備、多額の経費をかけ、コンピューターがつくり上げたのだ。

乳牛の不幸

後代検定と牛群検定は（独）家畜改良センターがおこなっている。ここでは乳量と乳成分の改善が目的とされる。ホームページをみると常に成果を誇る内容になっている。そこには、「これが本当に最善なのか」という迷いはない。しかし、過去が教えることは、本当に正しいとしたことでも誤りや不備があったことである。低能力の乳牛は存在価値がないのだろうか？

牛は優れた産乳能力を潜在的に備えていた。これが不幸のはじまりだった。人はその能力を最大限引き出すことを計画し、実際、野生牛の一〇倍以上の牛乳を生産する乳牛をつくったのだ。そのため必要になったことが餌の種類を変えることだった。本来、牛が口にしない餌を与えはじめたのだ。その最たるものがBSEの原因となった肉骨粉の給与である。日本でも発生したことからわかるように給与していた。

牛の特徴は反芻することで、これが胃の構造と関係する。胃は四部位に分かれ、口側から第一胃、第二胃、第三胃、第四胃という。人には第一胃から第三胃までに相当する部位がなく、消化液を分泌する第四胃が人の胃に相当する。第一胃から第三胃までが草の消化で活躍する部位であり、離乳後、つまり草を食べはじめると発達する。

なかでも第一胃が大きな役割を担い、成長すると二〇〇リットルにもなる。このなかに無数の微生物が暮らし、草の養分を牛が必要とする栄養に変えている。草の主成分はセルロース、微生物のみが分解できる。勿論、人は全く消化できない成分である。

セルロースは消化が悪く、無数にいる微生物といえども時間がかかる。それでも牛にとって大切なことなので、草に適した体の仕組みとなっている。子牛の時期をのぞき、草以外を口にしない。第一胃が消化する場所であり、その機能性と健全性は草を食べることで維持される。

草にタンパク質はすくない。ところが牛乳は大量のタンパク質を含んでいる。まるで無から有が生まれるように見えるが、第一胃に生息する微生物がタンパク源となっている。牛は第一胃で草の栄養をガラリと変えることで生きている動物なのである。これが本来の生き方である。草が含む養分はすくなく、食べる量にも制約がある。生産できる乳量は養分に制約され、わずか半世紀前まで年五〇〇〇キログラムを超えられなかった理由となっていた。

いまの生産量は平均すると年九〇〇〇キログラムにもなり、記録を調べると三万キログラムに近い個体（スーパーカウといわれる）がいる。ここで知っておくべきことは乳量に応じた栄養がいるということで、草では不可能、かわりに栄養価の高い餌（配合飼料）を与えなければならないのである。一九七五年（昭和五〇年）の検定開始以降、北海道における配合飼料増加率は二・五倍にもなる。このことによって深刻な問題が起きることとなった。

乳量が多くなれば牛は高カロリーと高タンパク質を必要とする。カロリーの不足はトウモロコシで補い、タンパク質の不足は大豆で補う。ところがトウモロコシと大豆にはセルロースがなく、主成分であるデンプンはきわめて消化されやすい。セルロースの不足で第一胃に生息する微生物の正常な秩序が失われ、牛は体調を乱すことになった。消化機構が正常に働かないことで、いまの乳牛は病気になりやすく寿命も短い。その一つのあらわれが妊娠しにくくなったことである。不受胎が淘汰の理由になり、また、分娩間隔が長くなった。すべて異常さを示す指標である。

一般には生後一四ヵ月前後で妊娠させ、人工授精一回目で六〜六・五割が受胎する。この割合は古くから現在まで変わらない。出産後、一〇〇日前後に二回目の受胎となる。ところが、人工授精一回で成功する割合は四割程度となり、半数以上が二一日後に再び人工授精をおこなう。ここで受胎しなければ次回は二一日後である。

出産後、一回の人工授精で受胎する割合の低下傾向は一九八〇年代後半にはじまる。受胎成績は、まるで泌乳量の増加に反比例するかのように二〇ポイント以上低下した。妊娠しにくさを示す指標が分娩間隔で、検定開始以降、分娩間隔が四〇三日から四三三日となる。この数字は三回目の人工授精で初めて妊娠する乳牛が増えたことを示している。

ここで注意しなければならないのは、平均乳量の増加に対応して受胎率が低下したことである。出産後二ヵ月頃に最高の乳量となるが、このピークを高めないことには全体の乳量は増えないのだ。この二ヵ月間は配合飼料が多く、草の割合が最も低い。牛乳生産に体を酷使している状態で妊娠しにくいことは容易に想像できる。勿論、妊娠しなければ淘汰される。実際、不受胎を理由に淘汰される割合が高くなり、一頭あたりの出産回数は三・一回が二・七回になっている。

ところで経済的な寿命は出産回数四、五回である。初産までの約二年は育成期間、これは全く収入を生まない期間である。育成のための経費の回収は出産回数の多いほうが有利であることに議論の余地はない。これで経済性を高めたといえるだろうか？　出産回数の減少は酪農家にとって大きなマイナスになっている。

乳量統計には一つのまやかしがある。それは出産後三〇五日間の乳量だからである。搾乳日数は三二〇日程度が望ましいとされているが、いまは平均すると三六〇日を超える。この最後の二ヵ月間の乳量はとてもすくないのだ。これを実績から除いた乳量に何の意味があるだろうか？　実際の搾乳日数で総乳量を割れば一日あたりの平均乳量となる。この数字でみると、いわれるほどの効果はでていないのだ。

乳脂肪率を高めたが、これで恩恵を受けた人はいるだろうか？　牛乳に期待するものはタンパク質である。最近のヒット商品の一つに低脂肪乳がある。世の中の流れが低脂肪であるなら、高い脂肪率を求めることに何の意味があるだろうか？　ここにも疑問が残る。

乳房炎は乳房内で細菌が増殖することで起こる。発生件数は乳量の増加と濃厚飼料の多給に平行して増加してきた。いまでは全疾病例の約三割と最も多発する疾病になっている。単なる乳房の病気と思われるかも知れないが、廃用にしなければならない理由の第一位である。乳房炎は悪化しやすく、治療が難しいのだ。ところが草で酪農を行う国、たとえばニュージーランドでは発生がすくなく全く問題にされていない。このような乳牛にした育種事業に価値があったのだろうか？

牛舎内に繋ぐと運動量をすくなくできる。栄養が牛乳になる割合が増すことで乳量の増加となる。実際、運動を制限した状態で飼われる乳牛が多く、異常行動を示す個体もでるようになった。乳量の増加が放牧、草による酪農を不可能にした。これで本当に効果があったといえるのだろうか？

ところで草だけを与えたら乳量九〇〇〇キログラムが五〇〇〇キログラムになるだろうか？　しばらくするとゼロになる。なぜならガリガリに痩せ、自分の命を守るために泌乳を止めるからである。草で牛乳を生産するには泌乳能力を五〇〇〇キログラム以上にしてはいけないのだ。すべてのトウモロコシと大豆は輸入品であり、それも大半が米国産である。ここが天候不順になると何が起きるだろう？　輸入が先細りになれば価格は高騰し、牛乳を安く供給することもできない。牛乳の摂取を減らすことで国民の健康は非常に危うい状態となる。これを健全といえるだろうか？　改良の結果、草で酪農できない乳牛に変わった。国内で自給できる資源は草のみであることを考えると両手(もろて)をあげて賛成するわけにはいかない。

これが人、時間、経費をかけてつくった結果である。このようなことを考えると知恵に限界があったことがわかる。以上で述べてきたことは乳牛側からの消極的な反撃であり、自然の仕組みを大きく変えてはいけないことを教えている。いまこそ乳牛に不幸をもたらした人間の知恵が問われている。

コンピューターがつくったニワトリ

タマゴと鶏肉は驚くほど安価である。要因はさまざまであるが、ここでは品種改良からみることにする。

ニワトリの品種改良でも統計遺伝学を使う。データの分析にコンピューターは必須な道具で、乳牛の品種改良と同様、目覚ましい成果は二〇世紀後半からとなる。米国での改良速度は驚くほどで、全面的に世界のニワトリを変えることになった。あらゆる面で米国産ニワトリが優れていたからで、日本でタマゴと鶏肉を生産しているニワトリであっても大半は米国由来である。

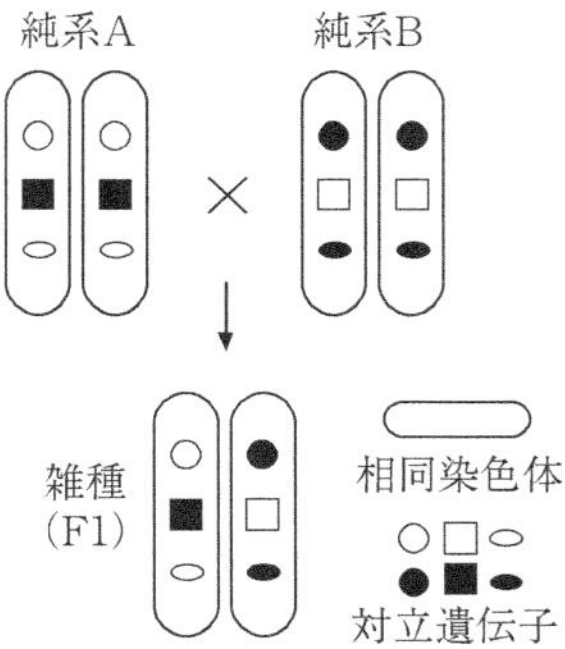
純系A
純系B
雑種
（F1）
相同染色体
対立遺伝子

図10—3　ヘテローシスの原理　子は両親（純系Aと純系B）の優れた遺伝子を併せもつ。

乳牛の品種改良は優れた遺伝子の割合を高めることであった。ところがニワトリでは世代間隔が短いこと、同時にたくさんのヒナが得られることで雑種強勢（ヘテローシス）が利用される。一般に雑種にすると高い能力を発揮することが多い。しかし、あらわれ方の程度に差があり、最大の能力を発揮する雑種でなければならない。雑種があれば純系（家系ともいう）があることになる。ニワトリでは純系同士を交配して高い生産力を発揮する雑種をつくる。

なぜ雑種は能力が高いのだろう？　図10―3に示すように細胞内には一対二本の相同染色体があり、そこに遺伝子がある。大切なことは同一の相同遺伝子でも中味に多少の違いがあることだ。ところが純系であると中味が同一であることが多く、これを遺伝学ではホモという。二個の遺伝子があっても種類としては一つである。純系（A）と純系（B）はどちらもホモとなっているが、中味に違いがある遺伝子である。これを交配して生まれた雑種は中味の異なる遺伝子、つまり二種類をもつことになり、これをヘテロという。ヘテローシスのヘテロである。雑種では大半の遺伝子がヘテロ、つまりバラエティーに富む遺伝子をもつことになる。一般にヘテロの状態だと能力が高く、雑種強勢を説明する根拠になっている。

純系にするとは兄弟交配（近親交配）を繰りかえすことである。純系化するほどすべての遺伝子でホモ化が進む。近親交配による悪影響（近交退化）があらわれるためニワトリでは三～四世代の交配が許されるのみだが、実用上で十分な純系となる。この間に純系の有する特徴を統計遺伝学によって明らかにする。最初の仕事は可能な限り多くの純系をつくることとなる。

つぎが純系同士を掛け合わせて雑種をつくり、その成績を調べることで雑種強勢の程度を比較することになる。純系を多く用意するほど優れた雑種が得られる可能性は高まるが、組み合わせ数は飛躍的に多くなる。

たとえば n 系統の純系をつくったとすると組み合わせは $n \times (n-1) \times (n-2) \times \cdots \times 2$ となる。三系統なら六群を調べればよいが、五系統になると一二〇群を調べなければならない。ところが需要に応えるには日頃から系統を多く維持していないと応じられないことになる。したがって資金力がないとおこなえない。これを実行できることが米国の強みになっている。

一般に実用鶏は四元交配でつくられる。産卵性と産肉性に限らず、飼料の利用性、抗病性など多くの面で雑種強勢を発揮させるためである。その概要は図6―2と図6―4に示した。祖父母は実用鶏（F2）で最大の雑種強勢があらわれるように選ばれた純系である。

ここでは新しい品種が採用されたわけでもなく、雑種強勢にしても古くから知られていた科学的事実である。じつは優れた系統をつくるには大規模でなければならない、それには膨大なデータ処理を必要とし、やはり現代のニワトリはコンピューターの産物といえるのだ。日本でも同じ試みがされたのだが、現実は米国産を越える雑種を作出できなかった。理由は、日本には輸出を目的とした戦略がなかったことである。最大の原因は、時間と金をかけてでも実現させる度胸と勇気がなかったことだ。初期、携わった研究者は一様に、「許された試験は小規模で短期間、それで信頼性のある結果はでなかった」となげく。すべてのことに共通する日本の弱点である。新大陸を発見したコロンブスではないが、冒険とムダ（失敗）なしには新しいことは生まれないのだ！

ニワトリの未来

コンピューターがタマゴと鶏肉を安く供給することを可能にした。改良の速度は驚くほどで、これが半世紀で可能になったことで改めて近代科学の威力のすごさがわかる。その結果、子育てを忘れてタマゴを産むだけになり、太ることに専念するニワトリになった。

先に祖先はニワトリから就巣本能を取り去ったと述べた。じつはこれが実現した段階で種としては絶滅したことになった。もはや自分の力で子孫を残せない動物になったからである。このことで人に寄生する以外に生きる途はなくなった。同様に人類にとってもニワトリを飼うことでしかタマゴと鶏肉を得る手段はなくなった。このような運命にある家畜は他にいるだろうか? このようなニワトリにしたことを研究者も恐らく気づかなかっただろう。同時にニワトリ資源を一挙に失う危険性が生じたことにも気づかなかっただろう。

その是非を論じてもはじまらないが、いまの産卵鶏は年間で二八〇個のタマゴを産み、ブロイラーは五〇日で食用になる。間違いなく祖先の赤色野鶏は、子孫が高い能力を発揮することを予想しなかっただろう。

品種改良でタマゴを年三三〇個産むニワトリをつくった。しかし、直面したことは卵殻が薄くなることだった。卵殻を厚くできなければ二八〇個以上に意味はなく、経済的なメリットは小さい。つまり現在が限界である。ブロイラーでは成長の速さに体の発達が追いつかず、立てない個体、歩けない個体がでることになった。これも限界にきている。これ以外にも餌の利用性、病気抵抗性においても限界にきたといえるだろう。

人が家畜を発明したきっかけに食料難があった。食料供給という家畜の役割は今も変わらない。ニワトリは地面にある餌を食べる。これを人手で集めることは難しいが、ニワトリがタマゴや肉にすれば口に入れられる。いまはニワトリに配合飼料を与えるが、原料となるものはすべて人が口にできないものである。人には味覚があるためだが、自然にあるもので口に入れられるものは限られている。その代表が穀類だが、単独ですべての栄養を満たすことはできず、とくにタンパク質に不十分さが目立つ。その欠陥を家畜が補ってきた。

人にとって利用価値のないものをタマゴと肉に変えるニワトリの役目は永久に変わらない。二〇一一年に世界の人口は七〇億人を超え、今後も毎年七〇〇〇万人が増える。飼料を畜産物に変える効率でニワトリにかなう家畜はいない。となると庭先で飼えるニワトリ、そのタマゴの重要性は揺るがないことになる。日本においても大規模養鶏と対極に位置する庭先養鶏を見直さなければならない時期もくるだろう。

日常口にするタマゴと大半の鶏肉は国内にいるニワトリが生産したものである。しかし、これを国産とするには疑問がある。理由の一つはすべてのニワトリは米国産だからである。少なくとも両親は国内にいても祖父母は米国にいる。日本にルーツはないのだ。
「日本にニワトリがいるではないか」と反論があるだろう。生産鶏は四元交配でつくられると述べた。その理由は雑種強勢の利用にあった。この落とし穴は、これらを交配しても両親を越えるニワトリにできないことである。特徴であった斉一性が失われ、生産能力は低下する。日本は永久に生産鶏の供給を受ける運命になっているのだ。

つぎの理由はニワトリが食べる配合飼料の原料は海外で生産されたものだからである。食料安全保障上、いずれも信頼性に欠ける。日本人に求められることはニワトリの餌を国内で用意することである。そのためには少し高いタマゴと鶏肉価格の受け入れが必要になるだろう。

いまEUで論じられていることがアニマルウェルフェア（動物福祉）で、問題視されている中心がニワトリ本来の性質を無視した飼育方法である。飼育空間を広げ、止まり木を備え、有機飼料を与えることなどを求めている。いずれも安さと相反する事柄である。ここで注目されるのは、高い価格を受け入れることでニワトリの権利を守ろうとする人の、西欧における多さである。

私たちはアニマルウェルフェアに余りにも無関心であった。コンピューターを使って乳牛とニワトリを変えてきたが本当に正しいことだったのだろうか？　振り返る時期にきていることは間違いないだろう。

おわりに

専門用語は狭い世界で通用する業界用語で、横文字の略語に至っては一部の人に通用する方言である。難しい表現と専門用語の使用をさけてきたつもりだが、感想はどうだろう？

著者は大学で二三年間、講義をした。心がけてきたことが専門用語と難しい表現を使わないことだった。専門用語を一つ使うだけで、知らない学生であれば以降の授業内容を理解できなくなるからだ。難しい表現にしても同じである。学生の理解度を確かめることは容易で、自分の至らなさにがっかりすることがしばしばだった。今回はどうだろう、心配な点である。

いまでは牛乳とタマゴはありふれた食べ物である。だが半世紀前までは違い、牛乳は病気にならないと与えられず、タマゴが病気見舞いになるなど、明らかに栄養豊富な特別の食べ物としてあつかわれていた。当時の食事で動物性タンパク質が不足し、経験から必要性を感じていたのだ。

本書で牛乳とタマゴを科学の目で見たつもりだが、あらためて生命がもつ巧妙な仕組みに驚いたのではないだろうか。これからは見る目もちがうだろう、筆者も書いていて気づいたことが多かった。数百万年のあいだにできた体の仕組みは、とうてい人の知性がおよばないことを改めて知った。

何より驚いたことが人間の知恵と執念だった。「必要は発明の母」といわれる。人は生きるために食料を確保しなければならず、日々の暮らしは食料さがしの毎日だったし、背後に餓死が控えていた。食料を安定して得られることは夢のようなことだったと想像される。農耕をはじめた人々は全知全能をかたむけ、安定して食料を手に入れる方法を探しただろう。達成できるとつぎは豊かさを求めた。数千年かかったが、科学的知識がなくても経験と知恵でなしとげた。これを家畜化の歴史が示している。人の執念は恐ろしいとなるが、彼らは本当の科学者であり、研究者だったのかもしれない。克服できたことも多いが、越えられない壁もあった。「何でもできる」と考えることは間違いのようだ。

二〇世紀の科学は家畜・家禽の能力を引き出し、現在でも同じ努力がつづけられている。しかし動物としての能力を考えると「すでに限界に達したのではないだろうか」と思うことがある。二一世紀は二〇世紀と事情が違うだろうし、求められる家畜・家禽の役割にもちがいがでるだろう。これまでの人の知恵と努力をたたえてきたが、さて今世紀、人類はどのような知恵をだせるだろう。

現代では牛乳とタマゴを滋養に富む食品という人はいない。滋養も死語となり、これを目的に飲み食いする人はいない。むしろ太りすぎで敬遠する人のほうが多いかもしれない。地球上には一〇億人の食料不足に悩む人がいる一方で、現在は人類史上で最も豊かな暮らしをしているのも間違いのない事実である。栄枯盛衰が世の常なら、栄えのつぎに衰えが待っていることになる。

いまこそ求められるのが人の知恵ではないだろうか。こんなことが、ふと頭に浮かんだ。

二〇一三年四月

酒井仙吉

〈ま行〉

〈や行〉

〈ら・わ行〉

〈な行〉

〈は行〉

〈さ行〉

〈た行〉

さくいん

〈数字・欧文〉

〈あ行〉

〈か行〉

N.D.C.640　252p　18cm

ブルーバックス　B-1814

牛乳とタマゴの科学
完全栄養食品の秘密

2013年5月20日　第1刷発行
2023年8月7日　第3刷発行

著者　酒井仙吉
発行者　髙橋明男
発行所　株式会社講談社
〒112-8001 東京都文京区音羽2-12-21
電話　出版　03-5395-3524
販売　03-5395-4415
業務　03-5395-3615
印刷所　（本文表紙印刷）株式会社ＫＰＳプロダクツ
（カバー印刷）信毎書籍印刷株式会社
製本所　株式会社ＫＰＳプロダクツ

ISBN978-4-06-257814-1

発刊のことば

科学をあなたのポケットに

二十世紀最大の特色は、それが科学時代であるということです。科学は日に日に進歩を続け、止まるところを知りません。ひと昔前の夢物語もどんどん現実化しており、今やわれわれの生活のすべてが、科学によってゆり動かされているといっても過言ではないでしょう。

そのような背景を考えれば、学者や学生はもちろん、産業人も、セールスマンも、ジャーナリストも、家庭の主婦も、みんなが科学を知らなければ、時代の流れに逆らうことになるでしょう。

ブルーバックス発刊の意義と必然性はそこにあります。このシリーズは、読む人に科学的に物を考える習慣と、科学的に物を見る目を養っていただくことを最大の目標にしています。そのためには、単に原理や法則の解説に終始するのではなくて、政治や経済など、社会科学や人文科学にも関連させて、広い視野から問題を追究していきます。科学はむずかしいという先入観を改める表現と構成、それも類書にないブルーバックスの特色であると信じます。

一九六三年九月

野間省一

ブルーバックス　生物学関係書（II）